沈阳市 辽河干流生态带规划十年回顾

潘天阳 著

中国建筑工业出版社

图书在版编目（CIP）数据

沈阳市辽河干流生态带规划十年回顾/潘天阳著
. —北京：中国建筑工业出版社，2021.10
ISBN 978-7-112-26358-5

Ⅰ.①沈…　Ⅱ.①潘…　Ⅲ.①辽河流域—流域规划—
生态规划—概况—沈阳　Ⅳ.①TV212.4

中国版本图书馆CIP数据核字（2021）第140747号

责任编辑：率　琦
版式设计：京点制版
责任校对：张　颖

沈阳市辽河干流生态带规划十年回顾

潘天阳　著

*

中国建筑工业出版社出版、发行（北京海淀三里河路9号）
各地新华书店、建筑书店经销
北京点击世代文化传媒有限公司制版
北京建筑工业印刷厂印刷

*

开本：787毫米×1092毫米　1/16　印张：9¼　字数：179千字
2021年9月第一版　2021年9月第一次印刷
定价：56.00元
ISBN 978-7-112-26358-5
（37920）

目 录

第1章 概　述 ·· 1

1.1　总体概况 ·· 1

1.2　流域生态带建设的重要性与迫切性 ·········· 2

1.3　沈阳市域辽河分布概况 ·························· 3

1.4　沈阳市生态建设总体思路 ······················ 7

　　1.4.1　生态体系框架 ·························· 7

　　1.4.2　生态功能分区 ·························· 7

1.5　辽河流域现状及其存在的问题 ·················· 7

　　1.5.1　自然与社会经济现状 ·················· 7

　　1.5.2　生态系统功能 ························ 10

　　1.5.3　河流水质 ···························· 14

　　1.5.4　防洪 ································ 19

　　1.5.5　岸坎 ································ 21

　　1.5.6　植被与绿化 ·························· 22

　　1.5.7　交通 ································ 23

　　1.5.8　村屯 ································ 23

　　1.5.9　旅游 ································ 24

第2章 总体规划 ······································ 27

2.1　指导思想 ·· 27

2.2　基本原则 ·· 27

2.3 规划期限与范围 ……………………………………… 29

    2.3.1 规划期限 ……………………………………… 29

    2.3.2 规划范围 ……………………………………… 29

2.4 规划研究 ……………………………………………… 29

    2.4.1 条件分析 ……………………………………… 29

    2.4.2 实施路径 ……………………………………… 31

2.5 规划目标 ……………………………………………… 31

2.6 重点任务 ……………………………………………… 32

2.7 规划方案 ……………………………………………… 33

第3章 生态环境体系规划 ……………… 35

3.1 防洪规划 ……………………………………………… 35

    3.1.1 指导思想 ……………………………………… 35

    3.1.2 规划原则 ……………………………………… 35

    3.1.3 规划依据 ……………………………………… 35

    3.1.4 规划目标 ……………………………………… 36

    3.1.5 防洪总体规划 ………………………………… 36

3.2 河流岸坎修复规划 …………………………………… 46

    3.2.1 规划目标 ……………………………………… 46

    3.2.2 规划原则 ……………………………………… 46

    3.2.3 规划方案 ……………………………………… 47

3.3 生态防护林及植被恢复（绿化）规划 ……………… 49

    3.3.1 指导思想 ……………………………………… 49

    3.3.2 总体目标 ……………………………………… 49

    3.3.3 规划原则 ……………………………………… 49

    3.3.4 品种选择 ……………………………………… 49

    3.3.5 规划布局 ……………………………………… 50

    3.3.6 群落布置 ……………………………………… 50

3.4 生态蓄水规划 ………………………………………… 51

3.5 支流河口湿地建设及综合治理规划 ………………… 52

    3.5.1 支流入河水质 ………………………………… 52

    3.5.2 规划目标 ……………………………………… 52

3.5.3 规划方法和技术路线 52

3.5.4 支流河口湿地建设规划方案 57

3.5.5 支流河口湿地生态系统恢复建设措施 57

3.6 干流生态恢复规划 58

3.6.1 规划目标 58

3.6.2 生态恢复规划 58

3.7 生物多样性保护规划 60

3.7.1 主要问题 60

3.7.2 指导思想 61

3.7.3 基本原则 61

3.7.4 规划目标 62

3.7.5 重点建设内容 62

3.7.6 生境尺度需求 63

3.7.7 保护规划 64

3.8 支流污染源治理规划 72

3.8.1 总体思路与目标 72

3.8.2 污染集中控制对策 72

3.8.3 重点污染源控制对策 72

3.8.4 监督管理控制措施 73

3.8.5 总量控制监督管理对策 73

第4章 生态产业体系规划 74

4.1 多功能生态农业体系规划 74

4.1.1 总体思路 74

4.1.2 土壤类型 74

4.1.3 辽河干流保护区种植结构调整规划 74

4.1.4 辽河流域农业生态建设规划建议 75

4.2 低碳文明工业体系规划 79

4.2.1 规划目标 79

4.2.2 传统工业的生态化改造 79

4.2.3 构建特色工业生态链 80

4.3 高效环保服务业体系规划 81

4.3.1 绿色餐饮娱乐业 81

4.3.2 高效物流业 83

4.3.3 高端信息服务业 84

第5章 生态资源可持续利用体系规划 86

5.1 水资源可持续利用规划 86

5.1.1 加强水资源统一管理 86

5.1.2 开发利用城镇雨水资源 87

5.1.3 提高污水回用率 87

5.1.4 节约用水 88

5.1.5 限制开采地下水 89

5.1.6 保障辽河生态用水 90

5.2 土地资源可持续利用规划 91

5.2.1 指导思想 91

5.2.2 规划目标 91

5.2.3 土地利用分区与调控 92

5.3 生物质资源可持续利用规划 93

5.3.1 辽河保护区生物质资源利用 93

5.3.2 辽河流域生物质资源利用 93

5.4 多元化绿色能源体系规划 93

5.4.1 指导思想与目标 93

5.4.2 沈阳市能源结构分析 93

5.4.3 多元化绿色能源体系规划 95

第6章 生态人居体系规划 97

6.1 人口发展规划 97

6.2 辽河干流沿线居民点布局规划 97

6.2.1 意义 97

6.2.2 发展定位 97

6.2.3 规划思路 97

6.2.4 沿线空间发展引导规划 97

　　　　6.2.5　居民点类型划分 ·· 98

　　　　6.2.6　居民点布局规划 ·· 99

　　　　6.2.7　近期整治规划 ·· 101

第7章　生态文化体系规划　103

　7.1　辽河干流节点景观规划 ·· 103

　　　　7.1.1　规划结构 ·· 103

　　　　7.1.2　景观节点规划设计 ·· 104

　7.2　生态旅游规划 ·· 109

　　　　7.2.1　规划理念 ·· 109

　　　　7.2.2　规划目标 ·· 109

　　　　7.2.3　规划原则 ·· 109

　　　　7.2.4　空间布局 ·· 110

　　　　7.2.5　旅游景点规划 ·· 110

　　　　7.2.6　交通规划 ·· 111

第8章　生态制度体系规划　113

　8.1　生态建设科技支撑体系规划 ·· 113

　　　　8.1.1　合理规划与科学布局 ·· 113

　　　　8.1.2　推广和应用先进成熟的科技成果 ································ 113

　　　　8.1.3　开展重点科技攻关 ·· 113

　　　　8.1.4　建立分级培训制度 ·· 113

　　　　8.1.5　建立科技支撑组织体系和工程质量技术监督体系 ················ 114

　8.2　高效清明的行政体系规划 ·· 114

　　　　8.2.1　建立政府生态文明行政机制 ···································· 114

　　　　8.2.2　构建科学生态文明行政体系 ···································· 114

　　　　8.2.3　构建政府形象的多元化机制 ···································· 115

　　　　8.2.4　健全环境保护监督机制 ·· 115

　8.3　协调文明的企业文明规划 ·· 116

　8.4　和谐有效的公众参与机制规划 ·· 116

　　　　8.4.1　拓宽与畅通公众参与渠道 ······································ 116

8.4.2 完善公众参与机制 …………………………………………… 117

8.4.3 培育环保非政府组织 ………………………………………… 117

第9章 效益分析 …………………………………………………… 118

9.1 生态效益 ………………………………………………………… 118

9.2 经济效益 ………………………………………………………… 118

9.3 社会效益 ………………………………………………………… 118

第10章 保障措施 …………………………………………………… 120

10.1 法制保障 ………………………………………………………… 120

10.2 管理机制 ………………………………………………………… 120

10.3 资金保障 ………………………………………………………… 120

10.4 技术保障 ………………………………………………………… 121

10.5 公众监督 ………………………………………………………… 121

结语 ………………………………………………………………… 122

附录 规划建设成果图片展示 …………………………………… 123

第1章
概　述

1.1　总体概况

辽河与长江、珠江、黄河、淮河、海河、松花江共同构成了我国的七大水系。各个水系作为一种独特的空间连接媒介，在国家的不同区域承担着各自的职能。流域发展与生态建设受到了越来越多的关注。

辽河全长1390公里，流域面积近22万平方公里，是我国七大江河之一，1996年列入中国"三河三湖"重度污染治理名单。

为根治辽河，恢复生态环境，2010年，辽宁省及所属各市先后成立辽河保护区管理局，开展辽河的治理与保护工作。经过三年的努力，辽河治理在水质改善、生态封育等方面取得了重大阶段性成果，流域水质消灭了劣Ⅴ类，退出国家重度污染河流行列，但从可持续发展的角度来看，让辽河彻底恢复生机，从单纯治污转变为整体的生态恢复，当前迫切需要一个指导实施建设的系统规划。

图1-1　辽河流域图

关于辽河的系统性规划，辽宁省提出了"加强辽河等江河治理保护，打造沿河生态带、旅游带、城镇带"。在"三带"建设中，生态带是核心和基础工作。2012年5月，省政府办公厅下发了开展《辽河流域生态带规划》编制工作的通知。

为了进一步做好辽河治理保护工作，加快"三带"建设，以"纲要"为指导，编制了《沈阳市辽河干流生态带规划》，指导各项工作有序开展。

1.2 流域生态带建设的重要性与迫切性

水资源的生态健康与安全，是21世纪全球经济社会发展的重要保障，辽河的生态健康与安全，是辽宁省经济社会发展的重要保障。

党中央、国务院对辽河的治理工作给予了高度重视，2008年党和国家领导人到辽宁视察时，明确提出要恢复辽河的生态，使辽河成为一条充满生机和活力的河流。

《国家环境保护"十二五"规划》明确提出"推进辽河保护区建设"；辽宁省第十一次党代会明确提出：在建设富庶、文明、幸福新辽宁过程中，要"加强辽河等江河保护，打造沿河生态带、旅游带、城镇带"；辽宁省政府第178次省长办公会议指出，"争取经过两到三年坚持不懈的努力，彻底摘掉辽河重度污染的帽子，重现辽河生机"，"争取早日把辽河干流沿线建成生态带、旅游带和城镇带"；2011年8月2日，环境保护部部长周生贤做出了"争取用3～5年的时间，将辽河流域建成生态文明示范区"的重要批示。

进入21世纪以来，世界各国的经济快速发展，对水质、水环境和水资源的可持续利用提出了更高的要求。与此同时，水资源的污染和短缺制约了许多国家和地区经济社会的健康发展，甚至引发冲突。世界上许多国家都将水安全问题列入国家安全战略并给予高度重视。以流域为单元对水资源进行综合开发与统一管理，正是在这种背景条件下的一种理性反思，已被越来越多的国家和地区所接受，并体现在水资源管理的实践当中。

从国内看，我国确立了节约资源、保护环境的基本国策，把生态文明建设提升到与经济建设、政治建设、文化建设、社会建设并列的战略高度，提出了走可持续发展道路、建设资源节约型和环境友好型社会等一系列战略思想和重大举措，形成了比较完善的生态环境保护法律法规体系，生态建设和环境保护力度不断加大。"十二五"期间，在"三河三湖"的治理工作中，国家进一步加强了对辽河流域的治理力度。环保部对辽河保护区给予了高度关注和大力支持。

从辽宁省看，为了实现辽河干流生态保护和恢复的目标，2010年，省委、省政府在辽河治理和保护工作方面进行了大胆的探索，划定了辽河保护区，成立了辽河保护区管理局，在保护区范围内统一依法行使环保、水利、国土资源、交通、农业、林业、海洋、渔业等部门的监督管理和行政执法职责以及保护区建设职责，体现了流域综合管理的理念，实现了辽河治理和保护工作体制与机制创新。这既是辽宁省建设"两型"社会的重要举措，也是建设生态辽宁的重要组成部分。此举在我国治理和保护流域生态系统方面开创了先河，标志着辽河治理保护工作进入了全面整治、科学保护的新时期。

从辽河保护区看，当时的辽河干流消灭了劣Ⅴ类水体，支流上污水处理厂全部建成并稳定达标运行；严厉打击非法采砂，坚决遏制严重破坏生态环境的行为；2009～2010 年开展辽河生态治理工程，恢复了部分植被，修建了 11 座生态蓄水工程，扩大了湿地面积；完成了河滩地的土地确权工作，为河岸带的生态修复准备了条件；岸坎整治完成，岸线基本平顺清晰，为河势稳定打下了基础；城市段景观化已开工建设，盘锦城市段景观化建设初见成效。所有这些工作，都为根治辽河、彻底恢复辽河生态奠定了良好的基础。

但是，当时辽河的生态功能恢复刚刚起步，自封育后，滩地植被正在自然恢复，生长良好，但湿地、岸坎状态堪忧；鱼类种类处在历史最低水平，同时代表着生物多样性水平同样处于低水平状态；少数支流，特别是入河口附近沙化严重；部分支流入河水质仍是劣Ⅴ类，沿岸村镇生活、畜禽养殖污染严重，个别支流存在尾矿库威胁；少数区段防洪水平达不到要求；保护区内交通道路尚未建好，个别涵桥损毁；防洪堤两侧防护林尚不健全；保护区内农田尚未达到环境保护要求。

当时辽河保护区面临着工业化、城镇化高速发展所带来的压力和挑战，工业污染、城镇生活污染排放总量存在着潜在的增加趋势。此外，辽河保护区沿线 14 个县（区）农村人均收入低于全省平均水平，是辽宁省县域经济发展的重点地区。高速的经济发展势必带来更大的生态环境压力。辽河保护区基础设施条件差，建设和管理任务繁重，监控和管理手段缺失，治理与保护工作的要求存在很大差距。

河流的综合治理是一项系统工程，具有长期性、复杂性和艰巨性，这已被莱茵河、多瑙河、田纳西河、泰晤士以及长江、黄河等国内外众多河流的治理实践所证明。辽河干流进行生态治理，实现全流域生态化目标，也不可能一蹴而就，辽河治理和保护中存在的一些深层次问题和矛盾仍然十分突出。

1.3　沈阳市域辽河分布概况

沈阳市境内，自北向南，辽河流域包括康平县、法库县、沈北新区、新民市和辽中县五个市县区。

　　辽河沈阳段自康平县三东屯乡入境，流经康平县、法库县、沈北新区、新民市和辽中县（其中新民市为县级市），于辽中县于家房插拉村出界，入鞍山市台安县。

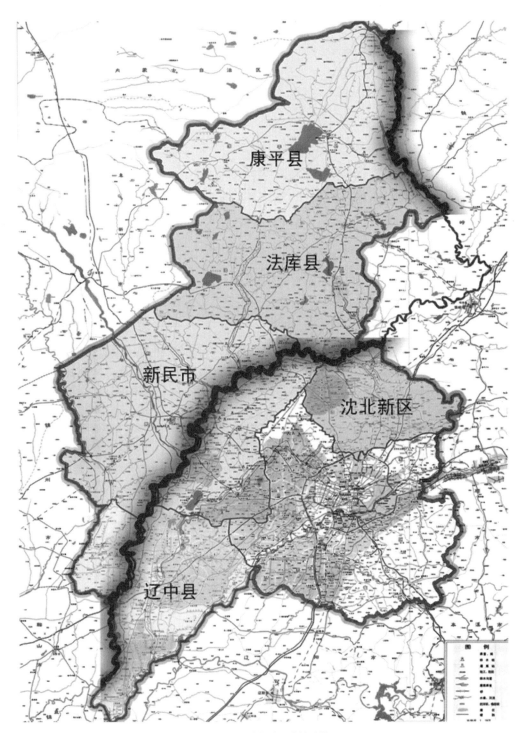

图1-2　辽河流经沈阳市境内情况

辽宁省境内辽河干流，福德店－河口干流河道长度537.9公里，其中，沈阳市境内干流河长307.4公里，占干流总河长的57.1%。

沈阳市辽河干流河长分布情况　　　　表1-1

流经县（市）区	河长（公里）	流经乡镇数	流经村庄数
康平县	62.4	4	15
法库县	56.2	4	10
沈北新区	23.5	2	5
新民市	119.9	11	56
辽中县	76.1	7	30
合计	307.4	28	116

（注：河段总长已扣除重复计算长度30.7公里）

辽河干流沈阳段，福德店（东西辽河汇合口）至鞍山台安之间，共有一级支流及排干12条，其中，秀水河、养息牧河、柳河分别发源于内蒙古自治区科左后旗白音花乡、彰武县二道河子乡和内蒙古自治区奈曼旗打鹿山，均从新民市进入沈阳地区。总流域面积在5000平方公里以上的大型河流1条，即柳河；总流域面积1000～5000平方公里的中型河流3条，即公河、秀水河、养息牧河；流域面积100～1000平方公里的小型河流5条，即拉马河、长河、左小河、燕飞里排干、付家窝堡排干；流域域面积100平方公里以下的3条，即小河子、小河子河、南窑村无名小河。

沈阳市辽河一级支流及排干情况表　　　　表1-2

序号	县（市）区	一级支流（排干）	位置	基本情况
1	康平县	八家子河（三河下拉）	右岸	八家子河发源于康平县李孤店，又系康北涝区的排水河和新生农场水田区的主要排水干线。流经小城子、康平镇、康平监狱、两家子、郝官屯镇，在郝官屯乡汇入李家河排干，在三河下拉汇合口处汇入辽河。流域面积511.22平方公里，河长45.6公里，主河槽宽8～50米，比降1.2/1000
2	法库县	小河子	右岸	法库县和平乡和平提水站南侧有一条小河岔入辽河，发源于和平村，长1.5公里，无堤防，无污染源，两侧为农田，无企业排口
3		小河子河	右岸	发源于法库县依牛卜乡戴荒地东山，由低洼排水干沟汇集而成，流经三尖泡，在三面船镇南汇入辽河。流域面积178平方公里，为季节性河流，水量较小，有断流现象，河面宽5米左右，河道宽20米左右，河长大约3公里

续表

序号	县（市）区	一级支流（排干）	位置	基本情况
4	法库县	▲拉马河 （河口在铁岭境内）	右岸	拉马河发源于法库县内四家子蒙古族乡北八虎山东麓，经五台子、大孤家子、三面船、依牛堡等乡（镇），形成一条由西北向东南的带状河谷平原，全长25.85公里。中游建有尚屯水库（法库财湖）。由依牛堡乡祝家堡村北宁家山出境，在铁岭陈平堡南汇入辽河
5	沈北新区	左小河	左岸	发源于沈北新区新城子乡新南村南田间一带，流经新城子、兴隆台、石佛寺、黄家四乡镇，于黄家乡拉塔湖西北汇入辽河。流域面积118.4平方公里，河长18.9公里，河宽70～200米，河道宽大约70米，河面宽30米，在八间房段，河水浑浊，有异味，在沈北新区北部入拉塔湖，最后入辽河干流
6		长河	左岸	长河发源于马刚乡邱家沟村山谷一带，在黄家乡后高坎村汇入辽河，流经马刚、清水、新城子、黄家四乡镇，全长32公里，汇水面积112.5平方公里，河道宽大约50米，河面宽12～15米，上游西小河、羊肠河、万泉河和长河于石佛寺水库堤外汇合后，在水库闸前与水库排水汇合，进入辽河干流
7	新民市	秀水河	右岸	发源于内蒙古自治区科左后旗白音花乡，从沈阳市康平县张家窑村入境，流经康平、法库和新民，流经新民市东蛇山子乡、公主屯两个乡镇，于新民公主屯镇关家窝堡村入辽河，在沈阳境内流域面积1843平方公里，河长130.23公里，河床比降为1/1500～1/1000，河道宽大约200米，河面宽4米
8		养息牧河 （断流）	右岸	发源于彰武县二道河子乡，经彰武从新民市于家乡彰武台门入境，流经新民于家窝堡、大柳屯镇、高台子乡、东城街道办事处，于东城街道吉祥堡入辽河。在沈阳境内流域面积448平方公里，河长35公里，河宽50～100米
9		柳河（断流）	右岸	发源于内蒙古自治区奈曼旗打鹿山，经彰武县，从新民市余家窝堡北边村流入沈阳境内，流经新民市于家窝堡乡、大柳屯镇、高台子乡、梁山镇、周坨子乡、新民城区、新城街道、西城街道、柳河沟镇9个乡镇街，于新民市西城街道王家窝堡汇入辽河。总流域面积5791平方公里，河长253公里。沈阳境内流域面积543平方公里，河长47公里，河道宽大约300米
10		南窑村无名小河	右岸	小河河道宽1～1.5米
11		付家窝堡排干	右岸	北起新民刘屯，在辽河付家窝堡处入辽河，全长29.28公里，流经大柳、高台子、新城、东城4个乡镇。流域面积127.58平方公里，直排入辽河，城镇生活污水排入，污水处理厂处理后排入，河面宽6米，深0.5米，河道宽30米左右，有护堤林
12		燕飞里排干	左岸	北起罗家房乡，在辽河王家窝堡入辽河，全长36.5公里，控制面积224.57平方公里，流经罗家房、兴隆店、大喇嘛3个乡，总流域面积286.02平方公里，常年无水

1.4　沈阳市生态建设总体思路

1.4.1　生态体系框架

根据《沈阳市生态市建设规划》，沈阳市域范围形成以"辽河、浑河、蒲河、北沙河"主干生态廊道体系为构架，以东部山区和西北康法地区的生态屏障体系为重点，以市域自然保护区、森林公园和自然风景区等生态节点为特色的"点线结合、林水相依、东西网联、南北贯通"的生态体系框架。

1.4.2　生态功能分区

根据《沈阳市生态市建设规划》，沈阳实施了保护水、土地、湿地三大自然资源，改善水环境、大气环境、声环境，培育发展生态工业、生态农业、绿色服务业三大产业链条与核心领域，形成生态安全、资源保障、环境支撑、生态经济、和谐人居五大生态市建设体系。

全市分为五大生态功能区，即中心城区、近郊区、中部平原区、东部丘陵区、西北部区。

1.5　辽河流域现状及其存在的问题

1.5.1　自然与社会经济现状

1. 自然状况

（1）自然地理

辽河是我国七大江河之一，发源于河北省七老图山脉的光头山（海拔 1490 米），流经河北省、吉林省、辽宁省和内蒙古自治区，在辽宁省盘锦市注入渤海。辽河流域地处我国东北的西南部，东接松花江、鸭绿江流域；西接大兴安岭南端，并与内蒙古高原的大、小鸡林河及公吉尔河流域相邻；南以七老图山、努鲁尔虎山及医巫闾山与滦河、大小凌河流域为邻；北与松花江流域在松辽分水岭接壤。

辽河流域的东部是辽东、吉东山地，属千山山脉、龙岗山脉和哈达岭，山势较缓，河流发育，森林茂盛；西部为大兴安岭的南端，山脉起伏连绵；南部为七老图山、医巫闾山和努鲁儿虎山等组成的中、低山丘陵地带，属燕山山脉的东延部分，山岭较陡峻，山麓常有较厚的第四纪风积或残积物堆积；中部是广阔的辽河平原，地势低平，河流蜿蜒，第四纪堆积物厚达数十米至百余米。在河口渤海沿岸有大片的沼泽地分布。

辽河源头为老哈河，在内蒙古赤峰与西拉木伦河汇合后，称西辽河。西辽河流经河北省、吉林省和内蒙古自治区，在康平县山东屯张三眼井村北进入辽宁省境内，并在辽宁省昌图县福德店附近与发源于吉林省辽源市萨哈岭山、在昌图县三江口镇大力村南进入辽宁境内的东辽河相汇合，其汇合处至入海口河段习惯上称为辽河干流。

辽河流域在辽宁省境内，涉及铁岭、沈阳、鞍山、盘锦、本溪、抚顺、辽阳、营口、阜新、锦州、朝阳 11 个市的 36 个县（市、区）。1958 年以前，辽河干流在盘山县六间房附近分为两股，一股南行称外辽河，在海城市三岔河附近接纳浑河及太子河后称大辽河，经营口注入渤海；另一股经双台子河流向西南，经盘锦市盘山县入海。1958 年，为使辽河、浑河、太子河洪水能顺畅入海，解决三岔河地区的排涝问题，在盘山县六间房堵截了外辽河。辽河干流来水全部由双台子河承泄，在盘山县境注入渤海；浑河、太子河与大辽河成为独立水系，在营口市注入渤海。

辽河流域总面积约 21.96 平方公里，其中辽宁省境内的流域面积约 6.92 万平方公里（含支流流域面积），占流域面积的 31.6%。辽河全长 1345 公里，辽宁省境内福德店至河口干流河道长度 537.9 公里(福德店至盘山闸枯水河道长 473.5 公里)，辽河干流沈阳段河长 307.4 公里，占干流总河长的 57.1%。

辽河干流福德店（东西辽河汇合口）至河口之间，共有一级支流及排干 36 条（含东西辽河）。其中流域面积小于 100 平方公里的一级支流及排干 12 条，流域面积大于 100 平方公里以上的一级支流及排干 24 条，流域面积 5000 平方公里以上的大型河流 4 条，即东辽河、西辽河、绕阳河和柳河；流域面积 1000～5000 平方公里的中型河流 7 条，具体为：公河、招苏台河、清河、柴河、汛河、秀水河、养息牧河；流域面积 100～1000 平方公里的小型河流 11(25) 条，具体为：亮子河、王河、中固河、长沟子河、拉马河、长河、左小河、太平河、燕飞里排干、付家窝堡排干、接官亭排干。

左侧汇入的主要支流有招苏台河、清河、柴河、汛河等，是辽河干流洪水的主要来源；右侧汇入的主要支流有秀水河、养息牧河、柳河、绕阳河等，属多泥沙河流，是除西辽河以外辽河干流主要的泥沙来源。

（2）气候特征

辽河干流流域地处中高纬度，位于我国东北地区的南部，属暖温带半湿润大陆性季风气候；温度变化较大，四季寒暖、干湿分明，降水量自西北向东南递增，多年降水量在 400～1000 毫米之间；降水量年际变化较大，丰、枯水年降水量比值一般可达 2.1～3.5 倍，年内分配的差异也比较明显，主要集中在 6～9 月间，约占全年降水量的 75%。辽河流域蒸发量自东南向西北递增，多年平均蒸发量为

110 ~ 250 毫米。5 月蒸发量最大，为 240 ~ 390 毫米；1 月最小，为 15 ~ 45 毫米。多年平均气温自下游平原向上游山区逐渐降低，气温年际变化亦较大。年平均气温 4 ~ 9℃，7 月份最高，平均在 20 ~ 30℃之间；1 月份最低，平均在 −10 ~ 18℃ 之间。

2. 社会环境概况

（1）经济发展状况

根据沈阳市 2011 年国民经济和社会发展统计公报，2011 年沈阳地区国民生产总值（GDP）为 5914.9 亿元，第一产业增加值为 279.1 亿元，第二产业增加值为 3027.6 亿元，第三产业增加值为 2608.2 亿元。按常住人口计算，人均 GDP 为 72637 元。其中，康平县、法库县、新民市和辽中县实现生产总值 1112.6 亿元。

生态市创建达标率达到 92%。中心城区全部成为生态城区，于洪区、苏家屯区、辽中县通过国家生态区（县）验收，新民市、康平县、法库县通过国家生态县（市）技术核查，国家要求的涉农区县考核通过率达到 100%。全市 87% 的乡镇达到国家环境优美乡镇标准。

辽河干流流经的行政村，农民人均纯收入情况调查汇总如表 1-3 所示。

辽河干流沈阳段流经行政村的人口数及人均纯收入　　　　　　表 1-3

流经县（市）区	村人口（人）		农民人均纯收入（元/年）
	县内流经村人口	合计	
法库县	22900		7000
沈北新区	2240		8000
康平县	25304	205398	3800
辽中县	58585		8800
新民市	96369		7800

调查表明，辽河干流流经村的农民人均纯收入要低于统计资料中各县农民的总体人均纯收入，这说明辽河干流流经村农民的物质生活要略逊于各县平均水平，仅以传统农业为基础的经济还需要调整和改善。

（2）人口规模

2011 年年末全市户籍人口为 722.7 万。其中，市区人口 519.1 万，县（市）人口 203.6 万。

沈北新区、康平县、法库县、新民市和辽中县的人口为 235.6 万。

在辽河保护区所涉范围内以村为统计单元，初步调查结果显示，辽河干流流经地区共有人口约 29.8 万，其中，铁岭的人口为 10.2 万；沈阳的人口为 11.8 万；鞍山的人口为 4.3 万；盘锦的人口为 3.5 万。所在地区民族有汉族、朝鲜族和满族等，其中以汉族为主，占到总人口的 98%。保护区内人口数量较少，并且基本分布在堤坝外侧。

（3）社会事业发展概况

辽河干流地区资源丰富，人口密集，城市集中，工业发达，交通方便，是我国重要的工业、装备制造业、能源和商品粮基地，在东北乃至全国的经济建设中占有极为重要的地位。

保护区自北向南有法库县、康平县、沈北新区、新民县和辽中县 5 个行政县（区）、30 个行政乡（镇）、17 个行政村。

根据对保护区流经县的人口统计，全省 14 个县区合计人口 630 万，其中沈阳区域人口数量为 230 万左右。在保护区所涉范围内以村为统计单元，初步调查结果显示，辽河干流涉及村约有人口 22 万，所在地区民族有汉族、朝鲜族和满族等。保护区内分布人口数量较少，并且基本分布在堤坝外侧。

虽然保护区内人口数量并不大，但这些人口沿河道分布，生活污水直接排入辽河干流；同时人口增多对饮用水的需求增加，也给河流带来了巨大的压力。

保护区流经区域农民收入较少的原因之一是产业结构单一，以农业种植为主要经济来源，而收入相对较高的地区则靠近城市或者依靠副业，因此保护区的土地利用规划在保障生态用地的大前提下，还要考虑到农民的利益。

（4）交通条件

辽河干流两侧基本修建了辽河大堤，其上可通车；大堤外侧皆有县级以上公路连通，交通和通信条件总体较好，可为保护区建设和管理提供基本交通条件。辽河干流毗邻各村均开通了有线电话，并可接收到移动、联通通信信号，与外界通信较为方便。

1.5.2 生态系统功能

1. 生态系统完整性

沈阳地区属暖温带落叶阔叶林地带，原本森林茂密，但由于原始植被已遭破坏，现存植被属次生群落。中华人民共和国成立初期，有林地面积 25.3 万亩，林木覆盖率仅为 1.3%。1978 年有林地面积 46 万亩，林木覆盖率 3.7%。十一届三中全会后，沈阳林业逐步恢复，步入稳步发展阶段。进入 21 世纪，沈阳市委、市政府提出建设"森林城市"目标，林业建设步入快速发展轨道，每年造林面积均在 30 万亩以上，实现了跨越式发展。

2002 年，沈阳市开始实施退耕还林工程，目前共完成 129.7 万亩，其中退耕地造林 65.7 万亩、荒山地造林 57 万亩、封山育林 7 万亩。2005 年，第二届"中国城市森林论坛"在沈阳举办，沈阳市被全国绿化委员会、国家林业局授予"国家森林城市"称号。截至 2010 年年底，林木总面积 660 万亩，林木覆盖率 33.9%，有林地面积 486.5 万亩，森林覆盖率 25%，活立木蓄积量达 1300 万立方米。

现有经济林面积 48 万亩，其中寒富苹果 16 万亩、苹果梨 17 万亩、树莓 4 万亩、葡萄 11 万亩，林下经济总规模突破 50 万亩，林产品加工企业发展到 2000 多家，涵盖木浆造纸、制板、木制家具、橱柜、果品加工、生物制药等多个产业。

现有自然保护区 5 个，其中省级自然保护区 1 个（康平卧龙湖）、市级自然保护区 4 个（法库望海寺和五龙山、新民和辽中之间的仙子湖、苏家屯白清赛），卧龙湖、仙子湖为湿地型自然保护区，望海寺、五龙山和白清赛为森林野生动物型自然保护区，总面积 686.67 平方公里（以上来自沈阳市林业局网站 2011 年信息）。

2. 生物多样性

历史上，辽河保护区生物多样性较为丰富，有记录植物种类 41 科 230 种，周边区域植物种类 411 种。代表性的湿地植物群种有问荆、芦苇、菖蒲、柽柳、羊草、小叶章等。脊椎动物 434 种，隶属 36 目 94 科。两栖动物 1 目 5 科 6 种，爬行动物 3 目 5 科 21 种。鸟类 16 目 56 科 340 种。哺乳动物 6 目 11 科 24 种 [《辽河保护区生物多样性保护战略与行动计划（2012 ～ 2030）》]。

（1）生物多样性现状

2011 年，辽宁省辽河局组织开展了辽河保护区生物多样性监测，对 19 个监测区域的监测结果显示，发现 9 种植被类型、22 种植物群落、植物 187 种、鸟类 45 种、鱼类 15 种、大型底栖动物 135 种、潮间带生物 14 种。

外来物种 19 种，苘麻、三裂叶豚草、加拿大蓬、野西瓜苗出现频度最高。外来动物 1 种，为巴西龟。

（2）水生动物

① 鱼类

根据 2009 年采样调查结果，在辽河干流共采集鱼 20 类 397 尾，计 9 种，分属于鲤科、银鱼科、鲍科和鲶科。群落中 75% 以上为鲤科鱼类。鱼类在水层中的分布有上层（银鱼）、中上层（彩鳉鲅等）、中下层（鲫鱼等）和底层（黄颡、怀头鲶）4 种情况，以中下层鱼类居多，上层及底层鱼类较少。营养结构有杂食性（鲫鱼等）、植食性（鳑鲏）以及肉食性（鲶等）3 种类型，以杂食性鱼类居多。优势种为鲫鱼、彩鳉鲅、餐条是亚优势种；具有经济价值的怀头鲶、有明银鱼、黄颡为珍稀种。

辽河干流鱼类以环境耐受性强的小型鱼类鲫鱼和小野杂鱼餐条、彩鳉鲅为主，鱼类食性主要为杂食性，缺乏大型经济肉食性鱼类。反映出辽河干流已基本失去渔业价值。不过铁岭地区干流仍有一定数量的经济鱼类怀头鲇分布，值得关注和保护。

2010 年，沈阳农业大学开展了辽河生物多样性调查，发现鱼类 11 种、鸟类 18 种、两栖动物 3 种、哺乳动物 9 种。由于保护区内严重内涝，几乎没有出现大部分水生生物，因此主要调查了大堤背水坡生物情况，包括周边村落。

2011 年，辽宁省辽河局组织辽河生物多样性监测，发现植被种类 9 种、植物群落 23 种、鸟类 45 种、鱼类 15 种、大型底栖动物 135 种。同时，监测区内首次出现清洁－轻污染水体的底栖指示生物小蜉、大蚊、流扁蜉等，表明辽河保护区水质已部分恢复至清洁－轻污染水体水平。辽河保护区水生态环境正在逐步形成，辽河生态环境进入初级正向演替阶段。

有关辽河鱼类发表的历史资料很少，依据 1979～1984 年的黑龙江水系渔业资源调查以及解玉浩 1981 年发表的辽河鱼类区系文章，辽河流域渔业资源历史数据与调查数据对比如表 1-4 所示。

辽河流域鱼类调查数据与历史资料比较 表 1-4

项目	1979～1984 年调查	1981 年文献	2009 年调查	2010 年调查	2011 年调查
鱼类种数	99 种	96 种	9 种	11	15
科数	23 科	23 科	8 科		
鲤科鱼	55 种（55.6%）	53 种（55.2%）	14 种（53.8%）		
鳅科鱼	7 种（7%）	8 种（8.3%）	4 种（15.3）		
科鱼	4 种（4%）	4 种（4.2%）	1 种（3.8%）		
其余科	33 种（33.4%）	31 种（32.3%）	7 种（26.9%）		
典型淡水鱼	87 种	83 种	24 种		
溯河性鱼类	8 种	8 种	1 种		
咸淡水鱼类	4 种	4 种	1 种		
近海鱼类	1 种	1 种	0 种		

从表中可以看出，1979～2009 年，辽河鱼类种类数量一直在下降，主要体现在鱼类种类和数量的急剧减少。特别是以前一些常见经济种类如沙塘鳢、黄颡鱼、怀头鲇等已濒临绝迹，仅个别区域可见踪迹。

2009～2011 年，鱼类种类开始增加，说明辽河鱼类开始恢复，但距离历史记录还有相当大的差距。

尽管辽河干流基本消灭了劣 V 类，水体水质好转，但水质仍然未达到适合生物正常生存的条件。并且退化生态系统的恢复是滞后且极其缓慢的，即使河流水质达到适宜水平,生物种类与数量的恢复也需要漫长的时间。英国泰晤士河的污染曾经造成 150 多年未见鲜活生物,对其的治理就是生态恢复的典型实例。

②大型底栖动物

辽河干流在 2009 年共采集到大型底栖动物 7500 余头,隶属于 3 门、4 纲、10 目、24 科、40 种。水生昆虫主要为双翅目的摇蚊幼虫以及毛翅目、蜉蝣目和鞘翅目的幼虫。其中摇蚊幼虫和毛翅目的纹石蚕为优势种。寡毛类主要为水丝蚓。软体动物主要有腹足纲的椎实螺科、扁卷螺科以及真瓣鳃目的无齿蚌亚科和截蛏科,其分布较少。

与历史数据相比,底栖动物的种类数大为减少,可能是调查的水域没有涉及山区高海拔地区,该类地区受人为干扰较少,水质较好,水生昆虫的种类数较多。但是不排除由于水质污染造成的物种减少、种类单一的情况。就辽河干流的分析结果看,有的站位摇蚊幼虫的数量比例达到 96%。

2011 年的调查结果显示,大型底栖动物 4 门、7 纲、16 目、37 科、93 属、135 种。与 2009 年相比,增加了 1 门、3 纲、6 目、13 科、95 种。

2011 年,鱼类种类组成丰富度低,营养结构单一,多为小型耐污种类。仅铁岭辖区干流鱼类种类和数量相对较多,且发现有少量经济肉食性鱼类分布。该站点底栖动物以轻度污染指示种纹石蚕科种类为主,底栖动物生物量较多,是值得关注的区域。辽河底栖动物群落以中污染水体指示种为主。随着人口密度的持续增加,以前较多为自然生态环境下的水域逐渐变成人类生活的区域,致使这类水域受到严重的人为干扰,表现在生境遭到严重破坏,山地林地大规模退化,工农业规模不合理地扩大,生活和工业污水未经处理便排放入河流等,水生生物资源丰富、种类繁多的河流逐渐变为种类单一、少数类群或物种成为绝对优势种的水域。主要表现在与 20 世纪七八十年代的鱼类调查结果相比较,辽河鱼类的种类数以及数量急剧减少,约为原来种数的三分之一,且大部分水域鱼类组成单一,优势种数量可占到群落生物量的 80% 以上。底栖动物也同样表现出种类单一的特点。另外,对生境条件要求较高的珍稀鱼类如沙塘鳢在该水域并未采集到,而同样为清洁水体指示物种的襀翅目水生昆虫也同样未出现在该水域。总体来看,辽河水体生态系统结构已遭到损害,较为脆弱,急需实施水体的健康管理。

(3)植物

2010 年以前,辽河干流滩地植被覆盖率只有 13.7%。辽河保护区建成后,1050 米界内 60 万亩滩地实施封育,退耕还河,恢复了河道的物理完整性。2011 年滩地植被覆盖率达到 63%。植物种类由 2009 年的 126 种增加到 187 种。

(4)生物多样性缺失的原因

辽河流域生物多样性的重大缺失，是人类过度开发和利用资源、不注重保护造成的。

①环境污染严重，水土弱化流失；

②生境破坏，生存能力丧失；

③外来物种的入侵，掠夺性占有生存空间、阳光和养分；例如苘麻、三裂叶豚草、加拿大蓬已经在辽河保护区内形成群落，甚至单优群落；

④生态保护意识需要加强。

1.5.3 河流水质

1. 辽宁省辽河水质

（1）支流水质

辽河支流 3 个国控断面中，Ⅳ类、Ⅴ类和劣Ⅴ类水质断面各 1 个。主要污染指标为氨氮、总磷和化学需氧量。

COD：2011 年，一级支流和排干，劣Ⅴ类水质有 5 条，清辽河、左小河、秀水河、南窑小河、付家窝堡排干。

氨氮：2011 年，一级支流和排干，劣Ⅴ类水质有 8 条，清辽河、王河、亮沟子河、长河、左小河、养息牧河、付家窝堡排干、螃蟹沟。

（2）干流水质

2008 年，辽河干流沿程 8 个干流监测断面中 7 个为劣Ⅴ类水质。氨氮、生化需氧量、化学需氧量、高锰酸盐指数 4 项指标超标 0.1～2.2 倍。其中辽河铁岭段污染最重，盘锦段次之，沈阳段最轻；且出市水质好于入市水质。干流枯水期属中度污染，化学需氧量、氨氮等 4 项指标超标，其中化学需氧量高达 117 毫克／升，超标 1.9 倍。丰水期、平水期水质相对较好，均为Ⅳ类水质。

2009 年，辽河干流盘锦段位全线为Ⅴ类水质，其余各段为劣Ⅴ类水质。

2009 年，辽河干流污染物指标主要为氨氮，COD 污染明显减轻，干流各断面年均值均符合Ⅴ类标准。2009 年枯水期水质为近三年来的最好水质，首次各断面枯水期均值符合Ⅴ类水质标准，辽河治理取得重大进展，按国家对辽河考核的化学需氧量（COD）标准，辽河干流已消灭劣Ⅴ类水质，提前一年完成国家辽河治理的"十一五"规划目标。

2010 年，辽河干流康平和法库段、盘锦段为劣Ⅴ类水质，其余均为Ⅳ类水质。辽河干流总体为轻度污染。主要污染指标为五日生化需氧量、石油类和氨氮。

2011 年，辽河干流基本消灭劣Ⅴ类水质。除盘锦段为Ⅴ类水质以外，其余监测断面均为Ⅳ类及以上水质。

2011 年，辽河干流为轻度污染。主要污染指标为五日生化需氧量、石油类和化学需氧量。13 个国控断面中，Ⅰ～Ⅲ类和Ⅳ～Ⅴ类水质断面比例分别为 38.4%和 61.6%。与 2010 年相比，Ⅰ～Ⅲ类水质断面比例提高 7.7 个百分点，劣Ⅴ类水质断面比例降低 15.4 个百分点，水质明显好转（2011 年开始为 21 项指标）。

图 1-3 是 2001 ～ 2011 年全省河流干流 26 个监控断面年平均水质的变化情况。从图中可以看出，自 2003 年开始，化学需氧量大体呈下降趋势，2009 ～ 2011 年达到Ⅲ类水质。氨氮指标一直呈下降趋势，2011 年达到Ⅴ类水质。

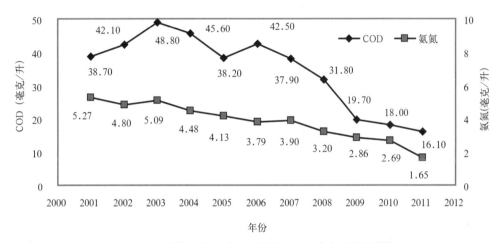

图 1-3　辽河流域干流 26 个断面年均 COD 和氨氮浓度变化情况

2. 沈阳段辽河水质

（1）支流入河水质

辽河沈阳段有 12 条一级支流、11 个一级支流河口。小河子、小河子河与柳河2011 年的平均水质，以及 2012 年 7 月的水质均达到或好于Ⅳ类；拉马河 2011 年的平均水质为Ⅲ类，2012 年 7 月为劣Ⅴ类，超标项目主要是 COD 和 BOD；其他支流水质均为Ⅴ类和劣Ⅴ类。

主要超标项目为 COD、BOD 和氨氮。主要污染源为生活污水、生活垃圾、畜禽粪便和化肥。

按水质污染程度排序，由于 2012 年只有 7 月的水质检测结果，因此以 2011 年的水质排序为主。由支流水质排序情况（表 1-6）可知，按水质污染程度排序分别是付家窝堡排干、左小河、养息牧河、长河、南窑村无名小河和秀水河。这 6 条河流 2011 年的年均水质均为劣Ⅴ类，2012 年 7 月的水质亦较差。

从行政区域看，新民市支流污染最重，其次是沈北新区。尽管沈北新区没有排在第一位，但其仅有的 2 条河流均在水质最差之列。

辽河干流沈阳段一级支流入河水质 表1-5

序号	县（市）区	一级支流（排干）	2011年平均水质	主要超标因子	2012年7月水质	主要超标因子
1	康平县	八家子河（三河下拉）	V	平水期COD偶尔为劣V类	V	平水期COD偶尔为劣V类
2	法库县	小河子	IV	较稳定达IV类	IV	平水期COD、BOD偶超IV类
3		小河子河	III	稳定达标	II	稳定达标
4		拉马河	III	较稳定达标	劣V	COD、BOD偶尔为劣V类
5	沈北新区	左小河	劣V	氨氮，平水期COD	劣V	COD、BOD、氨氮
6		长河	劣V	平水期氨氮	V	COD、BOD、氨氮偶尔为劣V类
7	新民市	秀水河	劣V	氨氮、COD	IV	COD、氨氮偶尔超标
8		养息牧河（断流）	劣V	平水期氨氮超标	V	较稳定达V类
9		柳河（断流）	IV	较稳定达标	IV	稳定达标
10		南窑村无名小河（断流）	劣V	COD	III	稳定达标
11		付家窝堡排干	劣V	COD、氨氮	劣V	COD、BOD、氨氮
12		燕飞里排干	V	平水期COD	IV	稳定达标

一级支流水污染程度排序 表1-6

排序	名称	所属县（市）区	流经区域	2011年均水质	2012年7月水质	主污染因子	污染源
1	付家窝堡排干	新民市	新民刘屯－大柳－高台子－新城－东城－付家窝堡	劣V	劣V	COD、氨氮、BOD	城镇生活污水、污水处理厂出水排入
2	左小河	沈北新区	沈北新区新城子乡新南村－新城子－兴隆台－石佛寺－黄家四乡镇－于黄家乡拉塔湖。在八间房段，河水浑浊，有异味	劣V	劣V	COD、氨氮、BOD	生活、农业污染
3	养息牧河	新民市	彰武县二道河子乡－新民市于家乡彰武台门－家窝堡－大柳屯镇－高台子乡－东城街道办事处－东城街道吉祥堡	劣V	V	氨氮、COD	生活、农业污染

续表

排序	名称	所属县(市)区	流经区域	2011年均水质	2012年7月水质	主污染因子	污染源
4	长河	沈北新区	马刚乡邱家沟村－马刚－清水－新城子－黄家四乡镇－高坎村。上游西小河、羊肠河、万泉河与长河在石佛寺水库堤下汇合，进入辽河干流	劣V	V	COD、BOD、氨氮	生活、农业污染
5	南窑村无名小河	新民市	陶屯乡南窑村	劣V	III	COD	生活、农业污染
6	秀水河	新民市	内蒙古自治区科左后旗白音花乡－康平张家窑村－康平－法库－新民东蛇山子乡－公主屯－公主屯镇关家窝堡村	劣V	IV	COD、氨氮	生活、农业污染
7	八家子河	康平县	是康北涝区排水河和新生农场水田区主排水干线。康平县李孤店－小城子－康平镇－康平监狱－两家子－郝官屯镇。在郝官屯乡汇入李家河排干，汇入公河。在三河下拉河口处汇入辽河	V	V	COD	生活、农业污染
8	燕飞里排干	新民市	罗家房乡－兴隆店－大喇嘛乡－王家窝堡。常年没水	V	IV	COD	生活、农业污染
9	小河子	法库县	和平乡和平村。长1.5公里，无堤防，无污染点源，两侧为农田，无企业排口	IV	IV	COD	生活、农业污染
10	柳河	新民市	内蒙古自治区奈曼旗打鹿山－彰武县－新民余家窝堡北边村－于家窝堡乡－大柳屯镇－高台子乡－梁山镇－周坨子乡－新民城区－新城街道－西城街道－柳河沟镇	IV	IV	COD	生活、农业污染
11	拉马河	法库县	四家子乡北八虎山－五台子－大孤家子－三面船－依牛堡－铁岭	III	劣V	COD、BOD	生活、农业污染
12	小河子河	法库县	依牛堡乡戴荒地东山－三尖泡－三面船镇南。季节性河流，水量较小，有断流现象，河长约3公里	III	II		由低洼排水干沟汇集而成

（2）干流水质

①历年水质变化

1996～2001年水质监测结果，见图1-4。

氨氮：1996～2005年，是在波动的前提下呈上升趋势，尤其在2005年达到了10年峰值。2000～2003年，呈逐年直线上升趋势，并在2003年达到最高点，此后开始下降。

COD：1999年以前整体呈升高趋势，1999～2005年下降，2005～2010年呈波动上升趋势，2010～2011年下降。

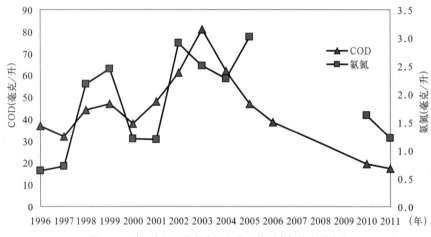

图1-4　沈阳市辽河马虎山和红庙子监测点年均水质变化

② 2011年水质

2011年，沈阳市辽河干流福德店、三合屯、马虎山、红庙子4个监测断面的COD、氨氮监测结果满足Ⅳ类以上水质，详见表1-7和图1-5。

2011年，马虎山的COD年均值为14.6毫克／升，红庙子为19.9毫克／升；而马虎山氨氮的年均值为1.41毫克／升，红庙子为0.93毫克／升。

COD：从福德店到红庙子，平均浓度基本持平；从福德店到三合屯，平均浓度上升；从三合屯到马虎山，平均浓度下降；从马虎山到红庙子，平均浓度再次升高。

氨氮：从福德店到红庙子，平均浓度升高；从福德店到马虎山，平均浓度亦高；从马虎山到红庙子，平均浓度下降。

沈阳段的整体情况是COD持平，氨氮略有升高。而支流入河水质相对较差，干流最终水质升高幅度不大，这与石佛寺水库，以及干流已经形成的湿地、滩地封育导致植被覆盖率大幅度提高的作用有关。

康平段COD、氨氮均升高，这与八家子河入河水质差有关；法库－沈北段

COD 升高，氨氮下降，与沈北左小河、长河入河水质差有关；新民－辽中段，COD 升高，氨氮下降，与新民付家窝堡排干、秀水河、养息牧河入河水质差有关。

2011 年干流 4 个断面的 COD 情况 表1-7

项目	福德店	三合屯	马虎山	红庙子
COD	18.8	21.3	14.6	18.5
类别	Ⅲ	Ⅳ	Ⅱ	Ⅲ
变化趋势	进出水基本持平			
	升高		升高	
	下降			
氨氮	0.45	1.19	1.41	0.81
类别	Ⅱ	Ⅳ	Ⅳ	Ⅲ
变化趋势	升高		下降	
	升高			

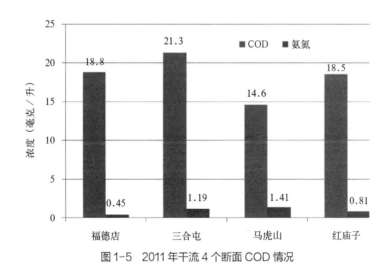

图1-5 2011 年干流 4 个断面 COD 情况

主要超标项目为 COD、BOD 和氨氮。主要污染源为生活污水、生活垃圾、畜禽粪便和化肥。

1.5.4 防洪

由于自然、社会和经济条件的限制，辽河防洪能力还不完全适应社会、经济迅速发展的要求。

辽河河道长 307.4 公里，现有堤防长度为 344.9 公里，现状防洪标准仅 30 年一遇，现状防洪堤为土堤。

目前辽河干流仍存在以下主要问题：

1. 堤防未达标

辽河干流石佛寺下游堤防未达到 I 级堤防标准，石佛寺以上没有达到 II 级堤防标准，堤防断面单薄，堤顶宽度和堤防边坡均不满足规范要求，而且堤身和堤基质量较差，存在严重的防洪安全隐患。

2. 险工、险段未得到有效控制

辽河干流属于蜿蜒型多沙河流，洪水条件下河道演变剧烈，河势摆动频繁。受历史原因和经济条件的限制以及险段的自身发展，现有河道整治工程不配套，河势未得到有效控制，受历年洪水的冲刷，很多险工已经损毁，险段未能得到有效的控制；同时河道的自然演变、河势的变化，使很多险工不能发挥作用，无法满足社会经济发展对防洪的要求。

3. 河道淤积严重

辽河是多泥沙河流，每年约有大量泥沙通过柳河进入辽河河道，造成河道淤积，河床抬高。辽河干流柳河口以下部分河段形成 II 级悬河。受泥沙淤积的影响，河槽过流能力萎缩，滩地淤高，土壤沙化，河势不稳，河道行洪能力普遍下降。

4. 砂堤砂基存在安全隐患

由于辽河干流主要堤防都是在原有民堤的基础上经过历次加高培厚形成的，原有堤防的砂基砂堤多未得到处理。虽然经过系统治理，但受资金不足等多种因素的制约，一些砂堤砂基等堤防险情没有得到根本解除。在高洪水位下，普遍翻沙冒水，时常出现散浸、管涌等险情，已成为堤防工程的薄弱环节和河道防洪的隐患，威胁着两岸人民的生命财产和工矿企业的防洪安全。

5. 水系复杂、河道设障严重

辽河滩地上种植大量高秆作物，存在着大量的套堤、大棚和管理房等违章建筑，还有居民的房屋和其他阻水建筑物，这些行洪障碍物阻水严重，导致洪水下泄缓慢，行洪不畅，堤防长时间在水中浸泡，散渗、管涌等险情屡屡出现，危及堤防安全，加重防汛负担。

6. 抢险通道不畅

辽河防汛抢险通道主要依靠现有的堤顶路，堤顶路承担着人员巡查、防汛抢险、物资运输等主要任务。辽河干流现状两岸堤防仍未贯通，成为防汛抢险交通制约点。尤其是无堤段豁口位置堤防没有贯通，不但影响防汛抢险，而且危及上下游堤防安全。

1.5.5 岸坎

辽河干流沈阳段岸坎统计，见表 1-8。辽河干流两侧支流、干渠众多，其特点是冬季以西北季风为主，夏季以东南季风为主，四季寒暖干湿分明。辽河弯道较多，其中大部分离防洪堤较近，形成了险工，辽河是多泥沙河流，河道演变较为频繁。受上滩洪水淤积的影响，滩地除表层有 1～2 米厚种植土或粉质黏土外，滩地下层土质多为粉土或粉砂层，极易受水流淘刷，造成弯道河段严重塌岸。新民柳河口至辽中卡力马段属游荡型河道，滩地宽广，河槽较浅，河床不稳。

存在问题：河道摆动，岸线散乱，河势不稳；塌岸严重，水土流失加剧，凹岸生态恶化；弯道较多，陡坎林立，岸坡不稳，危及防洪安全。

沈阳市辽河干流岸坎统计结果 　　　　　　　　　　　　表 1-8

县（市）区	岸线总长	缓坡		陡坡			
		缓坡长度	合计占岸线（%）	重点弯道段	一般弯道段	顺直过渡段	合计占岸线（%）
康平县	65.0	37.0	56.92	10.2	1.8	16.0	43.08
法库县	53.0	22.0	41.51	14.5	1.5	15.0	58.49
沈北新区	13.0	4.0	30.77	3.2	0.8	5.0	69.23
新民市	228.0	96.0	42.11	22.8	14.2	95.0	57.89
辽中县	117.0	29.0	24.79	9.4	8.3	70.4	75.21
合计	476.0	188.0	39.5	60.0	26.6	201.4	60.5

图 1-6　新民市弯道陡坎现状（照片拍摄于 2010 年 6 月）

图1-7　辽中县弯道陡坎现状（照片拍摄于2010年6月）

图1-8　法库县弯道陡坎现状（照片拍摄于2012年10月）

1.5.6　植被与绿化

自辽河保护区设立以来，1050米界，60万亩滩地实施封育，退耕还河，恢复了河道的物理完整性。辽河干流滩地植被覆盖率由 2010 年前的 13.7% 增加到 2011 年的 63%。

现状植被主要是杨柳树等外来的速生品种和杂草，植被类型主要包括防护林地、草场、野花组合地被、自然地被等，品种主要为杨树、槐树、杞柳、波斯菊、车矢菊、东方蓼、益母草、狗尾草、苘麻、野生芦苇等。

林地包括原有林地与新植林地，原有林地长势较好，多沿堤坝分布；现状凹岸河道离堤坝较近，滩地大部分区域为林地；凸岸河道离堤坝较远，且滩地地势较平坦，堤坝周边坑塘分布较多。

森林覆被率低，树种不丰富，且功能单一。

1.5.7 交通

辽河连接沈阳五县区，交通条件较为便利，纵向共有 9 座桥梁跨越辽河，横向主要有 S107、S106、G203 连接全线。

经过多年的建设，辽河防洪堤基本贯通，堤顶形成车行作业路，全段堤坝长度为 344.9 公里，平均宽度 5 米，高约 5.5 米。

辽河滩地近两年建设约 380 公里管理路，较好地联系了辽河各区域，但局部地段未形成连续贯通，而且路面质量不高。

辽河滩涂内重要景观节点区域已形成部分游览路。

1.5.8 村屯

防洪堤外 2 公里范围内有 28 个乡镇、140 个行政村、264 个自然村。防洪堤外 500 米范围内有 71 个行政村、146 个自然村。防洪堤内有 5 个行政村、30 个自然村。沿线乡镇、村现状产业以种植、养殖等粗放型农业为主，出产玉米、水稻、大豆、花生、畜禽等。

辽河干流村屯情况　　　　　　　　　　　　　　　　　　　表 1-9

县（市）区	居民点等级	防洪堤外 2 公里	防洪堤外 500 米	防洪堤内
康平县	乡镇		4	
	行政村	16	16	16
	自然村	48	48	48
法库县	乡镇		4	
	行政村	11	11	11

续表

县（市）区	居民点等级	防洪堤外 2 公里	防洪堤外 500 米	防洪堤内
法库县	自然村	18	18	18
沈北新区	乡镇	2		
	行政村	6	6	6
	自然村	8	8	8
新民市	乡镇	11	11	11
	行政村	72	72	72
	自然村	116	116	116
辽中县	乡镇	8		
	行政村	35	35	35
	自然村	58	58	58

1.5.9 旅游

辽河旅游资源丰富，分布广泛，以河水、湿地、芦苇、沙滩等自然资源为主。辽河沿线分布着众多历史遗迹，主要以青铜、辽金时代为主，现状保存较好的主要有祺州塔、双州古城、辽滨塔等。

辽河流域孕育了灿烂的文化，如今也面临着保护挖掘与开发利用的艰巨挑战。

沈阳辽河干流旅游资源表（A 级景区）　　　　　　　表 1-10

等级	景区名称	市区县
4A 级	沈阳市怪坡风景区	沈北新区
	沈阳三农博览园	新民市大柳屯镇长岗子村
3A 级	沈阳仙子湖风景旅游度假区	沈阳新民市前当堡镇
	沈阳财湖旅游度假区	沈阳市法库县
2A 级 1A 级	辽宁三利生态农业观光园	沈北新区
	沈阳七星山旅游风景区	沈北新区

沈阳市辽河干流沿岸主要历史文物表　　　表 1-11

县（市）区	名称	年代	位置
康平县	佛塔、祺州城址	辽代	郝官屯镇小塔村
法库县	辽墓群	辽代	和平乡和平村
	萧袍鲁（宰相）	辽代	柏家沟乡前山村
沈北新区	石佛寺	辽代名为时家寨，明代为辽东边墙的边墙	石佛寺朝鲜族锡伯族乡石佛寺村
	辽金双州古城、明长城遗址、烽火台、明代军堡遗址、清代修建的辽河历史上第一道防汛大堤及记事石碑、清代乾隆年间的古井等遗迹	辽金、明、清	七星山
新民市	辽州城、辽滨塔	辽代	公主屯镇辽滨塔村
	巨流河城址	清代	新民镇郊乡巨流河村
	辽墓群	辽代	金五台子乡皂角树村
	牛营子遗址	青铜	三道岗子乡牛营子村
	红花岗子遗址	青铜，含战国、辽金遗物	三道岗子乡红花岗村
	沙坨子遗址	青铜	三道岗子乡茨榆村
	车家屯遗址	青铜，含辽金遗物	大喇嘛乡车家屯
	周家岗遗址	青铜	兴隆乡孤家子村
	团山遗址	青铜	东蛇山乡前莲村
	半拉山遗址	青铜	东蛇山乡坊申村
	前当铺遗址	辽金元	前当铺乡前当铺村
	中古城子遗址	辽金元	前当铺乡中古城子村
	茨林子遗址	辽金元	前当铺乡茨林子村
	方巾牛遗址	辽金元	大民屯乡方巾牛村
	朱家坊窑北遗址	辽金元	大民屯乡朱家坊村
辽中县	孟家西灰岗遗址	青铜，含辽金遗物	老大房乡孟家村
	丁家东南岗遗址	青铜，含辽金遗物	老大房乡丁家村

通过两年多的治理保护工作，辽河沈阳段水体变清了，水量变足了，滩地变绿了，生态改善了，基础设施完善了，行洪保障区顺畅了，生态恢复架构也初步形成了。但目前仍然存在着诸多问题，需要不断地提升和完善，主要体现在：

支流河及干流部分岸坎仍存在防洪安全隐患，水量、水质尚不稳定；周边村屯环境较差，面源污染对水质造成较大影响；生态基础薄弱，植被种植类型单一，生物生境缺失；交通组织及道路功能、质量有待提升；整体景观风貌特色不突出，节点功能不完善，需加强生态教育、生态展示等科普示范性功能。

另外，从城市总体上看，辽河与城市的联系薄弱，其独有的区位及尺度尚未发挥应有的巨大生态作用。

第 2 章
总体规划

2.1 指导思想

以国家"生态文明建设"、辽宁省辽河流域生态文明示范区建设要求为战略目标，以沈阳经济区建设为机遇，从沈阳市的实际出发，依据生态规律和经济规律，遵循"让江河湖泊休养生息"的国家战略，坚持"资源节约、环境友好、协调可持续发展"，以资源配置、节约和保护为核心，以生态环境保护为根本，紧紧围绕辽河流域生态环境的突出矛盾和问题，以改善生态环境、提高人民生活质量、实现流域可持续发展为目标，全面实施辽河流域生态建设。坚持经济建设、城乡建设、环境保护同步规划、同步实施、同步发展的方针；坚持环境效益、社会效益、经济效益三兼顾，工程措施、生物措施和其他措施三结合的原则；坚持全面规划、统筹兼顾、综合治理。以科技为先导，以法律法规为保障，以重点工程为突破口，促进辽河流域经济、社会和环境的协调发展。

2.2 基本原则

1. 保护优先、统一规划

遵循保护第一、统一规划的原则，科学开展生态环境保护、利用和产业发展，加强辽河保护区生态环境保护，规范生态示范区的资源开发利用活动，使辽河成为支撑辽宁省社会经济未来发展的绿色保护屏障，发展辽河生态经济产业带，建设辽河生态廊道。根据流域生态功能、生态资源和区域特点进行生态示范区的统一规划，高标准建设生态示范区项目，促进河流和湿地生态系统的保护，维持生物多样性等生态功能和自然景观，在确保辽河流域生态系统物质良性循环、能量高效利用的条件下，适度利用自然资源，"在保护中开发，在开发中保护"，促进可持续发展，实现人与自然和谐发展的目标。

2. 因地制宜、协调发展

坚持因地制宜、协调发展原则，统筹兼顾，找准不同生态示范区特定的问题，根据辽河保护区生态环境特点和社会经济发展水平制定生态示范区规划，充分发挥不同区域的资源优势，因地制宜，科学规划，明确主导功能和示范区特色，实施分区保护、建设和管理，满足不同示范区的功能需要，促进辽河保护区社会经济和生态环境的协调发展。

3. 突出重点、分步实施

贯彻"全面规划、积极保护、科学管理、永续利用"的方针，按照生态学、生物学、景观学等原理进行合理设计和布局。根据自然资源分布状况、保护对象和区域发展现状进行全面规划，并根据规划内容分期建设，分步实施。将辽河保护区的生态恢复、生态整治和环境保护作为重中之重，优先考虑人为干扰强度和破坏严重的区段，进行河道整治工程、生态恢复工程、洪涝灾害区治理工程等辽河重点区段的工程建设。将水资源过度开发、水污染严重的河口作为重点，构筑污染阻控与水资源高效利用工程。重点选择辽河保护区内人口密集、基础设施薄弱的村镇，发展生态高值农业，进行社会主义新农村建设，务必突出重点，分步实施。

4. 相互衔接，协调一致

辽河保护区涉及多部门与区域，因此本规划制定中要考虑与其他相关规划的衔接，如生态省建设规划、土地利用总体规划、沿海经济带建设规划、海洋功能区划等专项规划，按照辽宁省总体发展战略要求，结合辽河流域不同区域相关产业和社会经济发展实际情况，坚持"相互衔接、协调一致"的原则，开展辽河保护区生态示范区规划，使辽河保护区生态示范区内产业体系规划的发展思路、目标任务、产业布局、工程项目和保障措施等规划内容上下对接，协调一致。

坚持可持续发展原则。坚持环境建设、经济建设、城镇建设同步规划，同步实施，同步发展的方针。社会经济发展，生产力布局、结构调整、资源开发、国土整治、基础设施建设等要与生态环境保护和建设紧密结合，在确保生态良性循环的前提下，实现环境效益、经济效益、社会效益的统一。

坚持统一规划、突出重点、因地制宜、分期实施的原则。坚持污染物排放总量控制和浓度控制相结合。合理确定污染物排放总量与控制断面水质目标值和分期实施目标，城镇污水处理、工业废水处理、生活垃圾处置和生态建设要结合辽河流域社会、经济、自然条件的实际情况，针对规划区的环境特征及开发建设功能定位，因地制宜，集中处理与分散处理相结合，人工强制处理与自然处理相结合。

坚持统一规划、上下游联动、分步实施的原则，充分考虑上下游不同地段的功能定位，按轻重缓急分步实施工程建设项目。坚持环境质量辖区负责制、谁污染谁治理的原则。污染物排放总量控制与浓度控制相结合。按照各控制断面的规划要求，各镇政府负责辖区达到规定的主要污染物总量控制目标和水质排放标准，负责筹建城市污水和垃圾处理设施；企业负责自身的工业废水治理并达标排放，对工业固体废物进行综合治理。政府通过法规和政策约束水环境污染行为，支持对环境污染的治理。

坚持依靠科技进步的原则。水环境保护和生态建设要因地制宜，优化设计和布局，走出一条符合辽河流域实际、技术起点高、投资省、费用低、效果好的路子。

坚持多渠道、多层次、多形式筹集建设资金的原则。中央投资与地方配套相结合，财政性资金与利用外资、银行贷款、企业筹资和社会资金相结合，从政策上鼓励投资多元化。

2.3 规划期限与范围

2.3.1 规划期限

本规划以 2011 年为规划基准年，以 2020 年为规划水平年，其中 2015 年为阶段目标年。具体分期如下：

阶段目标：2013 ~ 2015 年。

规划水平年：2015 ~ 2020 年。

2.3.2 规划范围

沈阳市域内有康平县、法库县、沈北新区、新民市和辽中县五个县（市）区。重点范围是辽河保护区。

2.4 规划研究

2.4.1 条件分析

1. 空间区位条件

从市域范围来看，辽河所处的位置是沈阳北部生态保育区与南部城镇建设区的分水岭，具有重要的战略地位和空间条件，同时也是统筹城乡发展的重要载体，是沈阳市域重要的生态廊道。

辽河及其支流河形成的"叶脉

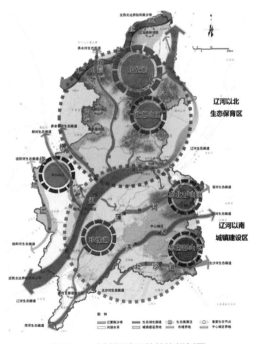

图 2-1 市域绿地系统结构规划图

状"空间形态,应发挥"联系、纽带、带动"的作用,将城市两大功能板块有效衔接,整合城市资源。

在新一轮沈阳城市总体规划中提出"整合自然山水等生态资源,完善市域生态建设。规划市域森林覆盖率达到41%"。辽河及其支流是将城市的水网、绿网连通的载体,是贯通全市生态系统的"脊梁"。

2. 生态资源条件

沈阳市新一轮城市总体规划提出"推进生态文明建设,把沈阳建设成为人与自然和谐共生的生态宜居之都",水系是重要资源。沈阳市域面积近12980平方公里。其中,辽河流域面积5848平方公里,占市域面积的45%,占据核心位置和主导地位。

辽河具有恢弘的空间尺度,其生态系统的恢复,将在水土保持、维持大气的碳氧平衡、促进水循环和水平衡、保护生物多样性等方面对城市产生巨大效应,为加快沈阳生态市的生态建设发挥出"引擎"的作用。

辽河水环境的改善对于市域及区域具有巨大的影响及带动作用,将取得巨大的生态效益、经济效益和社会效益,有效地改善市域和区域环境,带动两岸城镇建设与经济发展,促进了"生态沈阳""和谐沈阳""美丽沈阳"的建设。

生态恢复效益评估一览表

表2-1

效益类型	效益评估
生态效益	恢复规划范围内的辽河生态,防洪堤内绿地面积达到400平方公里,将使沈阳市绿化覆盖率增加4%; 辽河防洪堤内两侧绿地每年可吸收4.9万吨CO_2,0.1万吨污染物,约为浑河(城市段)的11倍,极大地改善城市的空气环境质量
经济效益	通过水质的改善,提供健康的生活及生产用水,进而产出高品质的两室及鱼类等副产品,增加产业附加值; 促进生态农业及生态旅游产业的发展
社会效益	洁净的水源、清新的空气、润泽的湿地、丰茂的林地构成了自然淳朴的生态环境,将提高人们的生活质量及健康指数,促进"生态沈阳""和谐沈阳""美丽沈阳"目标的实现

3. 辽河自身条件

浑河、蒲河、辽河是沈阳市最重要的三条河道,沈阳市近年来先后完成浑河、蒲河生态带的规划建设,并根据区位特征形成了各自的特点。辽河的建设已成为继蒲河之后蓄势待发的重要战略举措。

在全域生态建设中,辽河是纵贯全市南北的生态基础设施、生物栖息地、水土涵养区,是市区环境的生态屏障,应将其打造成区别于浑河、蒲河的自然生态之河。

辽河应打造纯自然、大尺度的、体现北方地域特色的原生态风貌，塑造国家大江大河治理的典范。

综上分析，确定辽河生态带定位："沈阳绿脊、生态引擎、生命之水、文明之河"。

绿脊：体现辽河的连通性，利用干流骨架及支流河的延伸性，搭建城市的生态网络体系，发挥生态"脊梁"的作用。

引擎：体现辽河的功能性，基于辽河的生态尺度及生态脊梁的作用，带动全市生态系统的高效运转，发挥生态"引擎"的作用，积极推进"生态市"、"美丽沈阳"的构建。

2.4.2　实施路径

辽河治理是一项长远而复杂的工作，需要循序渐进的过程。

自从1996年将辽河列入污染防治计划，辽河治理工作不断进行，尤其是2010年辽河局成立以后，治理力度不断加大，使水质明显改善，为生态恢复奠定了基础。

下一步应在科学规划的基础上，全面开展辽河生态恢复工作，实现辽河自身系统的完善，并逐步与城镇带、旅游带相衔接，最终达到流域和谐发展、发挥辽河巨大功能的终极目标。

本次规划着眼于未来，立足于现状，以完善生态基础为目标，编制能够指导实施建设的生态带规划。

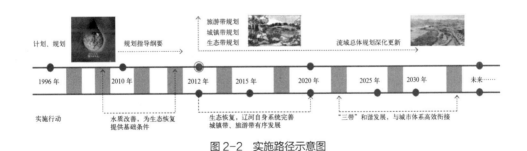

图 2-2　实施路径示意图

2.5　规划目标

以水资源合理配置、厉行节约和生态保护为核心，以体制创新为动力，夯实发展基础，抓好生态文明示范工程，以点带面扎实推进生态带建设。到2020年，初步搭建起生态环境安全、生态产业集聚、生态资源充足、生态人居和谐、生态文化繁荣、生态体制完善的生态带框架；形成生态文明的生产方式、生活方式和消费模式；全面带动和促进生态文明观念在流域内牢固树立。在此基础上，通过进一步完善和发展，在辽河流域范围内全面实现"转方式""调结构""保民生""树观念""立制度"，实现辽河流域生态带向"生态文明示范区"转变的最终目标。

通过科学规划和有效治理，统筹河道整治与河流湿地恢复、环境污染控制、生态建设保护和资源合理利用，使之成为防洪安全、水质良好、生态健康、景观优美的健康河流生态系统，在辽河保护区建立高效协调的，融治理、建设、保护、监管为一体的创新型河流综合管理体制机制，从而实现"根治辽河，彻底恢复辽河生态，造福子孙后代"的根本目标，为我国治理和保护河流生态系统探索道路。

规划期末（2020年）要实现的目标一览表　　　　　　　　表 2-2

规划内容	具体目标
水系健康	防洪安全：完善防洪体系，稳定岸坎；完成堤防标准化建设及险工治理
	水质、水量：全年水环境质量保持Ⅳ类以上；蓄水量达到 1.7 亿立方米以上
生态完整	恢复和建设湿地 13.7 万亩（91 平方公里），增强湿地生态调节；河滨带植被覆盖率达到 90%（400 平方公里），为生物创造多样化的生境
交通便捷	完善辽河生态带内部路网，并与城市路网有效衔接
景观优美	突出特色，完善功能，带动生态旅游发展

2.6　重点任务

1．构建优质稳定的生态环境体系

（1）防洪规划

（2）河流岸坎恢复规划

（3）生态防护林及植被恢复（绿化）规划

（4）生态蓄水规划

（5）强化河流自净能力、河流生态恢复规划

（6）生物多样性保护规划

2．构建协调发展的生态产业体系

（1）多功能生态农业体系规划

（2）低碳文明工业体系规划

（3）高效环保服务业体系规划

3．构建永续利用的生态资源体系

（1）水资源可持续利用规划

（2）土地资源可持续利用规划

（3）生物资源可持续利用规划

（4）多元化绿色能源体系规划

4. 构建自然和谐的生态人居体系

（1）人口发展规划

（2）特色乡村体系规划

5. 构建现代文明的生态文化体系

（1）节点景观规划

（2）生态旅游规划

6. 构建先进高效的生态制度体系

（1）科技支撑体系

（2）政府行政体系

（3）企业制度文明

（4）建立和谐高效的公众参与机制

2.7 规划方案

辽河流域生态带的建设与恢复，是一项复杂的系统工程，涉及社会、经济、生活、环境的各个方面，需要全社会的共同努力与协作。

干流保护区的主要问题是：生态系统功能不健全，水质未达到生态和谐要求，生物多样性性状差，湿地系统不健全、功能差；堤内农田对河流生态系统的恢复有一定的影响；防洪设施未达到新标准要求；岸坎不耐冲刷，塌岸严重，河道多摆动；植被覆盖率有待增加；交通设施不完善；沿线居民点需要综合整治；节点景观需要建设完善；旅游资源需要系统布局和完善。

支流的主要问题是：部分支流水质差，付家窝堡排干、左小河、养息牧河、长河、南窑村无名小河、秀水河在 2011 年入河水质是劣 V 类；支流河口湿地系统极不完善；流域内污染源未得到很好的控制和治理，存在生活、工业、畜禽养殖和农业污染；部分河流段沙化严重，例如柳河。康平、法库两县主要是农村、农业污染，新民市有工业和城镇污染。

因此，辽河流域的总体规划方案概括为：

1. 干流规划重点是生态恢复（包括湿地建设、生态蓄水、生态恢复、生物多样性保护、绿化、岸坎修复）、种植调整、防洪设施建设、交通设施建设、景观节点建设、旅游资源开发、居民点整治。

2. 支流规划重点是入河口生态系统的恢复，污染源治理。

3. 流域其他生态建设规划内容是发展循环经济，实现资源的可持续利用，发展现代绿色农业、高效环保服务业，建设生态人居体系、生态文化体系，建设适合生态文明的生态制度体系。

规划通过恢复辽河的生态完整性，重现碧水清波的自然风貌，把辽河打造成具有北方地域特征的、广袤的、恢弘大气的"生态廊道、绿色廊道、人文廊道、和谐廊道"，使其成为支撑流域发展的生态主动脉。

规划在辽河沈阳段打造："一条水系、两条绿带、三级路网、四个分区、二十七节点"。

第3章
生态环境体系规划

3.1 防洪规划

3.1.1 指导思想

本次规划以《中华人民共和国水法》、《中华人民共和国防洪法》和国务院 2008 年批复的《辽河流域防洪规划》为指导,从恢复流域生态系统良性循环、经济社会和环境协调发展、人与自然和谐相处的高度,推进和完善辽河干流防洪工程体系布局,以适应社会经济发展对防洪的新要求,为根治辽河、彻底恢复辽河生态提供安全保障。

3.1.2 规划原则

1. 有序推进,分步实施、逐步完善的原则。根据保护区治理与保护工作总体安排,在确保防洪安全的前提下,有序开展防洪工程的规划建设,分步实施防洪工程建设项目,逐步完善辽河干流防洪工程体系。

2. 生态治理与防洪安全相结合的原则。确定治理方案时,在确保防洪安全的前提下,充分考虑有利于河道生态修复和改善,促进保护区健康、生态、可持续发展的工程措施,加快恢复辽河生态系统的健康和功能。

3.1.3 规划依据

1.《中华人民共和国水法》、《中华人民共和国防洪法》等国家法律、政策。

2.《防洪标准》GB 50201—1994、《堤防工程设计规范》GB50286—1998 等国家技术标准。

3.《江河流域规划编制规划》SL 207—1997 等行业技术标准。

4. 2008 年国务院批复的《辽河流域防洪规划》。

5. 利用《辽干清河口至盘山闸河段防洪工程初设》、《辽干福德店至清河口河段河道防洪工程初设》、《辽干堤防工程竣工报告》、《辽河干流岸坎修复治理规划》、《辽宁省重点河流河道生态工程建设规划报告》、《辽河干流河道生态工程建设试验方案》以及 1985 年、1986 年、1995 年和 2006 年的洪水调查、行洪能力检算等资料成果。

3.1.4 规划目标

总体目标：完善干流防洪工程体系，建成与保护区社会经济发展水平相适应的防洪减灾体系，在发生常遇洪水和较大洪水时，保障辽河干流的防洪安全和社会经济的正常发展；在遭遇大洪水和特大洪水时，保障保护区经济活动和社会生活不会发生大的动荡。

主要包括：建成与辽河干流地区社会经济发展水平相适应的防洪工程体系，保护区防洪标准达到规划标准；保护区生态环境逐步改善；保护区承受洪水风险的能力稳步提高。

3.1.5 防洪总体规划

1. 防洪标准

依据《堤防工程设计规范》GB 50286—1998及《防洪标准》GB 50201—1994的规定，保护耕田面积大于或等于2000平方公里，保护区人口大于或等于150万人时，防洪标准应为50～100年，防护对象为Ⅰ等。

根据国务院2008年批复的《辽河流域防洪规划》，确定辽河干流石佛寺下游规划防洪标准为100年一遇，堤防等级为1级；辽河干流石佛寺以上规划防洪标准为50年一遇，堤防等级为2级。

2. 设计洪水成果

2005～2009年，辽河干流未发生特大洪水，《辽河流域防洪规划》中的水文系列未受影响，因此本次规划仍采用《辽河流域防洪规划》中的设计洪水成果。

辽河干流主要站设计洪水成果表 表3-1

序号	站名	集水面积	项目	N	n	A	$\bar{X}$	Cv	Cs/Cv	Xp			
										0.1%	1%	2%	5%
1	福德店	106925	Qm		25		457	1.37	2.5	5230	3080	2470	1700
2	通江口	112177	Qm	100	25	1	588	1.4	2.5	6940	4060	3250	2600
3	石佛寺	123766	Qm	200	51	2	1700	1.35	2.5	19100	11300	9080	6250
			W7	200	51	3	658	0.82	2	3590	2500	2170	1720

（单位：洪峰——立方米/秒；洪量——百万立方米；集水面积——平方公里）

3. 防洪工程规划

本次辽河干流防洪以堤防全线整修加固、砂堤砂基治理、穿堤建筑物改扩建、河道险工治理、清淤清障为重点。完善干流防洪工程体系，使河道堤防全线达标，以适应国民经济发展的需要。同时开展"堤防标准化建设"，使辽河干流堤防成为"防洪保障线、抢险交通线和生态景观线"。

（1）堤防标准化建设

堤防标准化建设主要包括"堤防达标建设、无堤段贯通建设、堤顶路面建设及护堤林"四方面内容。

①河道设计流量

沈阳段辽河干流主要控制断面有福德店、通江口、石佛寺、巨流河、卡力马等。福德店洪水来自东辽河和西辽河，通江口洪水则由福德店设计洪水与招苏台河洪水组合，通江口至石佛寺洪水主要来自左侧三大支流，且在这些支流上建有水库控制泄流。石佛寺以下干流洪水与下游支流洪水不遭遇，各控制断面设计洪水流量，按折减关系推算，各段折减关系为石佛寺至巨流河 1∶1，巨流河至卡力马 1∶0.95，卡力马至盘山 1∶0.95。

辽河干流设计洪峰流量表　　　　　　表 3-2

河段 ＼ 频率	3.3%	2%	1%
福德店至通江口	2050～2600	2470～3250	3080～4060
石佛寺至巨流河		5500～5500	5500～5500
巨流河至卡力马		5500～5250	5500～5250
卡力马至盘山		5250～5000	5250～5000

（单位：立方米／秒）

②堤防设计

本次规划的堤防整修工程大部分是对堤防断面不足的堤段进行加高或加宽培厚，对抗冲刷能力弱和透水性大的砂堤砂基采取相应的治理措施。同时对无堤段进行连通，在支流入汇口架设交通桥，贯通后的堤防新修堤顶公路，建设堤防两侧护堤林，使辽河干流堤防成为集防洪保障、抢险交通、生态景观线为一体的新的标准化堤防。

A．堤顶超高

根据规范，辽河干流防洪堤按 I 至 II 级堤防设计，堤顶高程以 50 年或 100 年一遇设计水位，加风浪爬高、风壅水高及安全加高而得。依据《堤防工程设计规范》

GB 50286—1998 规定，Ⅱ级以上堤防安全值为 1.0 米，堤防超高计算值为 2.04 米。

《堤防工程设计规范》中规定，Ⅰ、Ⅱ级堤防的堤顶超高值不应小于 2.0 米，故一般农村段堤段超高取 2.0 米；城市段（沈北）及防御超标准洪水段（石佛寺~红庙子段左堤）取 2.5 米。

辽河干流现有堤身和堤基土质部分为黏壤土，部分为沙土或细砂。堤身断面的设计主要是根据各堤段土质情况，在满足堤身稳定和交通要求的同时考虑堤防所处地理位置和防洪抢险的要求。

辽河干流石佛寺下游堤防为Ⅰ级标准，设计堤顶宽 8 米，一般段堤防迎水侧设计边坡 1:3.0，背水侧设计边坡 1:3.5，当堤防高度超过 6 米时，背水侧设置戗台，戗台宽度 3 米；砂堤砂基段，堤防迎水侧设计边坡 1:3.5，背水侧设计边坡 1:5.0。

辽河干流福德店至石佛寺段堤防为Ⅱ级标准，设计堤顶宽 8 米，一般段堤防迎水侧设计边坡 1:3.0，背水侧设计边坡 1:3.5，当堤防高度超过 6 米时，背水侧设置戗台，戗台宽度 3 米；砂堤砂基段堤防迎水侧设计边坡 1:3.0，背水侧设计边坡 1:5.0。

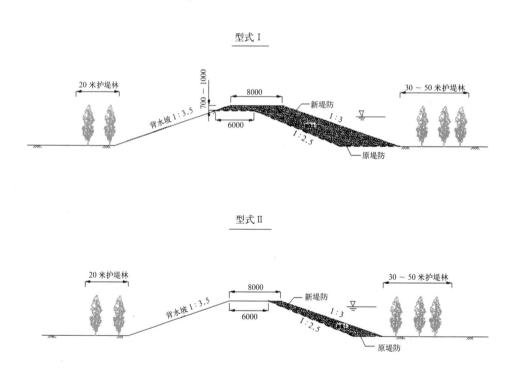

注：1. 型式Ⅰ在福德店~清河口堤段，现状左堤约 70 公里，右堤约 72 公里。
2. 型式Ⅱ在铁岭城防下边界（汛河口）~盘山闸堤段，现状左堤约 223 公里，右堤约 211 公里。
3. 图中标注尺寸单位为毫米。

图 3-1　辽河干流堤防设计断面示意图

B. 堤坡防护

砂堤砂基段迎水坡采用堤坡土工膜外覆盖种植土和草皮防护，其他堤段迎水坡及所有堤防的背水坡均采用撒播草籽防护。

C. 堤顶路面

按照三级路标准建设 8 米宽堤顶路面，路面硬化采用沥青覆盖，路面两侧设路缘石。

D. 护堤林

辽河堤顶公路建成后，在公路两侧迎水侧栽植护堤林。在不影响河道行洪的前提下，迎水侧护堤林由现状的 30 ～ 50 米增加到 100 米，局部还可适当放宽，背水侧堤脚向内 20 米栽植护堤林。护堤林以耐涝、耐寒的乔木为主。

E. 穿堤闸、站改（扩）建工程

本规划河段沿河两岸现有穿堤排灌闸站。由于闸站建站时间较早，经多年运行，目前存在的问题较多，再加上本次规划堤防断面加高培厚提高标准，这些穿堤涵、闸均需改建接长或拆除重建。

辽河干流现有穿堤闸、站工程情况表　　　　表 3-3

县（市）区	岸别	闸站名称	所在断面相对位置	控制面积（平方公里）	堤顶高程		装机容量（千瓦）	排灌流量（立方米／秒）	底板高程（米）	穿堤方式	改建方式
					设计（米）	现有（米）					
康平县	右	金坨子排灌站	L211 下 600 米	9.3	88.75	88.30	160	2.5	81.95	埋设	接长
	右	温坨子排灌站	L209 下 969 米		87.20	86.90			83.90		接长
	右	刘坨子排灌站	L207 断面	8.87	85.58	85.22	160	2.5	80.08	埋设	接长
	右	西四河汀排水站	L206 下 600 米	7.65	84.65	84.05	160	2.5	79.38	埋设	接长
法库县	右	两家子排水站	L202 下 798 米	15.5	81.31	80.60	320	5.0	76.19	埋设	接长
	右	刘小船排灌站	L193 下 500 米	15.5	74.45	74.50	480	6.38	67.54	埋设	接长
	右	纪家闸	L189 上 100 米		72.38	72.20			68.40	埋设	接长
	右	三尖泡排水站	L152 下 1550 米	12.0	47.28		390	5.2	42.50	埋设	接长
沈北新区	左	长河排水站	L157 上 660 米	16.0	49.88		220	3.0	45.80	埋设	接长
新民市	左	马虎山废闸	L145 下 870 米		42.52					埋设	接长

续表

县（市）区	岸别	闸站名称	所在断面相对位置	控制面积（平方公里）	堤顶高程 设计（米）	堤顶高程 现有（米）	装机容量（千瓦）	排灌流量（立方米/秒）	底板高程（米）	穿堤方式	改建方式
新民市	左	郭家排水站	L144 下 330 米	20.0	42.09		620	6.0	35.50	埋设	接长
	左	闫家排水站	L142 下 1100 米	9.3	40.00		220	1.6	38.40	埋设	接长
	左	分水岭排水站	L140 下 1630 米	17.0	37.85		620	6.0	32.50	埋设	接长
	左	沈家岗废闸	L137 下 1050 米		36.20					埋设	接长
	左	兰旗排水站	L136 下 820 米	23.5	35.90		390	4.5	29.00	埋设	接长
	左	西高力排水站	L132 上 1600 米	16.7	34.38		310	3.0	28.69	埋设	接长
	左	方巾牛录排灌站	L130	41.0	33.60		855	9.0	25.50	埋设	接长
	左	毓宝台灌溉站	L129	2.0	33.52		80	0.6	28.38	埋设	接长
	左	东章士台排水站	L125 上 3000 米	6.0	31.00		620	6.0	27.70	埋设	接长
	左	西章士台排水站	L125	6.0	30.22		620	6.0	26.00	埋设	接长
	左	张家荒排水站	L122 上 1463 米	24.1	28.18		595	6.0	21.60	埋设	接长
	左	网户屯排水站	L122 上 600 米	5.2	27.80		110	1.0	23.30	埋设	接长
	右	腰屯排水站	L145 下 700 米		42.58			1.2		埋设	接长
	右	马蹄岗排水站	L141 上 760 米	21.0	38.96		420	4.5	34.24	埋设	接长
	右	平垮子（一）排水站	L138 下 980 米		36.64			12.4	29.30	埋设	接长
	右	姚屯排水站	L138 下 1010 米		36.64			7.5	29.50	埋设	接长
	右	巨流河排水站	L136 下 1300 米	33.0	35.82		930	9.0	29.45	埋设	接长
	右	二龙眼排水站	L132	16.7	34.06		310	3.0	26.95	埋设	接长
	右	任家窝堡排水站		3.0			110	1.1	29.55	开敞	接长
	右	付家窝堡排水站		34.4			720	9.2	25.00	开敞	接长
	右	上河滩排水站	L124	8.0	29.40		165	1.8	23.35	埋设	接长

续表

县（市）区	岸别	闸站名称	所在断面相对位置	控制面积（平方公里）	堤顶高程 设计（米）	堤顶高程 现有（米）	装机容量（千瓦）	排灌流量（立方米/秒）	底板高程（米）	穿堤方式	改建方式
新民市	右	青台泡排水站	L123 上 570 米	13.0	28.36		465	2.0	25.59	埋设	接长
	右	树林子排水站	L120 上 1714 米	11.0	26.85		310	3.0	20.65	埋设	接长
	右	邱家街排水站	L118 上 180 米	13.4	25.72		390	4.5	18.55	埋设	接长
辽中县	左	李家排水站	L116 下 684 米	2.5	24.45		77	0.3		埋设	接长
	左	白家岗排水站	L113 上 1000 米	6.0	22.87		120	1.2		埋设	接长
	左	赵家排水站	L110 上 1500 米	20.0	21.11		620	6.0	14.93	埋设	接长
	左	城郊排水站	L106 上 500 米	25.0	19.70		775	7.5	10.00	埋设	接长
	左	三家子排水站	L104 上 1000 米	15.0	19.10		465	4.5	9.80	埋设	接长
	左	马家房排水站	L101 下 620 米	16.3	17.90		465	4.5	8.30	埋设	接长
	左	南窑排水站		6.0	17.55		320	3.0	7.50	埋设	接长
	右	大树林排水站	L114 上 390 米	38.6	23.00		620	6.0	14.64	埋设	接长
	右	三道岗排水站	L107 上 1797 米	39.5	20.00		1240	12.0	11.00	埋设	接长
	右	瓜茄岗子排水站	L106 上 1503 米		19.75					埋设	接长

（2）河道清淤疏浚

①清淤断面设计

首先，要使清淤后的河床相对较稳定，河床形态（设计水深、河宽、比降）与来水来沙条件（如流量、含沙量及粒径等）和河床地质条件之间达到一种动态平衡，简而言之，来多少沙，排多少沙，尽量使河槽不冲不淤；其次，应使槽内的纵向流速大于清淤前的流速，最好能沿程递增，以提高输沙能力，带走上游来沙。为了使清淤后河道主流集中，防止出现横向水流，清淤横断面应尽量设计成窄深形状，以使主槽内流量分配流速及最大，从而保证较大的泄流、输沙能力。

②排淤场选择

辽河历史上修筑堤防多从迎水侧滩地取土，在堤脚形成临堤串沟，有的串沟沿堤几百米长，并且一个连着一个，对堤防安全构成严重威胁。首先，本次清淤排淤场选择要本着淤临固堤的原则，将排淤场设在堤防迎水坡临堤滩地上，排出淤沙主要用于吹填临堤串沟、洼地和取土坑等以加固堤防；其次，排淤场的位置要避开取水口、排水口、电缆、光缆等穿堤穿河建筑物；再次，为了不影响行洪，保证行洪宽度，排淤场宽度应尽量缩窄，遇到主槽靠近堤防的河段，尽量不要布置排淤场；从次，为了降低征地费用，应遵循在满足排淤量的条件下少占地的原则；最后，排淤场选择应结合挖泥船的性能考虑挖泥船的抛泥距离，考虑施工限制条件，满足施工要求。

（3）河势稳定及河道险工治理

辽河两岸岸坎可按陡峭程度及植被覆盖情况大致分为两类，一类为现状坡比较缓，水流兑岸情况不严重，坡面基本有植被覆盖或经简单整型、覆土即可具备植物生长条件的，本次规划中简称缓坡，实际划分中大致标准可按柳河口～卡力马段坡比缓于1:1.5，其他段缓于1:1控制；另一类为现状坡比较陡，水流兑岸情况严重，水下及水上边坡现状基本不具备作物生长条件且目前没有岸坡防护工程的，属于河道险工，本次规划中简称陡坡或陡坎，实际划分中大致标准可按柳河口～卡力马段坡比陡于1:1.5，其他段陡于1:1控制。

辽河干流河势稳定及河道险工治理统计表　　　　　　　　　　　表3-4

县（市）区	岸线总长	缓坡		陡坡			
		缓坡长度	合计占岸线（％）	重点弯道段	一般弯道段	顺直过渡段	合计占岸线（％）
康平县	67.0	39.0	58.21	10.18	1.82	16	41.79
法库县	53.0	22.0	41.51	14.5	1.5	15	58.49
沈北新区	13.0	4.0	30.77	3.2	0.8	5	69.23
新民市	228.0	96.0	42.11	22.754	14.246	95	57.89
辽中县	117.0	29.0	24.79	9.35	8.25	70.4	75.21
合计	478.0	190.0	39.75	59.984	26.616	201.4	60.25

（单位：公里）

辽河干流河道险工基本情况及处理形式统计表　　　　　　　　表3-5

序号	市	县（市）区	工程名称	岸别	成险原因	险长（米）	已处理长度（米）	未处理长度（米）	处理措施
1	沈阳市	康平县	水泥船险工	右	兑岸	900		900	软体排平顺护岸
2	沈阳市	康平县	后廖险工	右	兑岸	600		600	软体排平顺护岸
3	沈阳市	康平县	王坨子险工	右	兑岸	1500		1500	软体排平顺护岸

续表

序号	市	县（市）区	工程名称	岸别	成险原因	险长（米）	已处理长度（米）	未处理长度（米）	处理措施
4	沈阳市	康平县	泗河汀险工	右	兑岸	180		180	软体排平顺护岸
5	沈阳市	康平县	九间房险工	右	兑岸	1700		1700	软体排平顺护岸
6	沈阳市	康平县	新发堡险工	右	兑岸	2300		2300	软体排平顺护岸加丁坝
7	沈阳市	康平县	兰家街险工	右	兑岸	2200		2200	软体排平顺护岸加丁坝
8	沈阳市	康平县	刘屯险工	右	兑岸	800		800	软体排平顺护岸
9	沈阳市	法库县	代荒地险工	右	兑岸	3000		3000	软体排平顺护岸加丁坝
10	沈阳市	法库县	三面船险工	右	兑岸	3000		3000	软体排平顺护岸加丁坝
11	沈阳市	法库县	三合屯险工	右	兑岸	3000		3000	软体排平顺护岸加丁坝
12	沈阳市	法库县	龙王庙	右	兑岸	2000		2000	
13	沈阳市	法库县	杨家塘坊	右	兑岸	2000		2000	
14	沈阳市	法库县	下洼子	右	兑岸	1500		1500	
15	沈阳市	辽中县	古城子险工	左	兑岸	800	500	300	软体排平顺护岸
16	沈阳市	辽中县	陶家险工	左	兑岸	600	500	100	软体排平顺护岸
17	沈阳市	辽中县	富家险工	左	兑岸	700		700	软体排平顺护岸加丁坝
18	沈阳市	辽中县	下万子险工	左	兑岸	550	300	250	软体排平顺护岸
19	沈阳市	辽中县	卡力马险工	左	兑岸	1100	600	500	软体排平顺护岸
20	沈阳市	辽中县	曹家险工	右	兑岸	700	600	100	软体排平顺护岸
21	沈阳市	辽中县	老大房险工	右	兑岸	1500	500	1000	软体排平顺护岸
22	沈阳市	辽中县	三道岗险工	右	兑岸	1200	300	900	软体排平顺护岸
23	沈阳市	辽中县	官粮窖险工	右	兑岸	700		700	软体排平顺护岸加丁坝
24	沈阳市	辽中县	大树林子险工	右	兑岸	800	300	500	软体排平顺护岸

续表

序号	市	县（市）区	工程名称	岸别	成险原因	险长（米）	已处理长度（米）	未处理长度（米）	处理措施
25	沈阳市	辽中县	大树林子险工	右	兑岸	1000		1000	软体排平顺护岸加丁坝
26	沈阳市	辽中县	候头沟	右	兑岸	1500		1500	
27	沈阳市	辽中县	长林子	右	兑岸	1000		1000	
28	沈阳市	辽中县	小徐房	右	兑岸	800		800	
29	沈阳市	新民市	季家房	右	兑岸	500		500	
30	沈阳市	新民市	杏树坨子	右	兑岸	1250	300	950	软体排平顺护岸加丁坝
31	沈阳市	新民市	达连岗子	右	兑岸	1300		1300	软体排平顺护岸
32	沈阳市	新民市	小桥子	右	兑岸	1800	400	1400	软体排平顺护岸加丁坝
33	沈阳市	新民市	二龙眼	右	兑岸	1350		1350	软体排平顺护岸加丁坝
34	沈阳市	新民市	门家网	右	兑岸	1150		1150	软体排平顺护岸加丁坝
35	沈阳市	新民市	杨家窝堡	右	兑岸	800	100	700	软体排平顺护岸加丁坝
36	沈阳市	新民市	吴长岗	右	兑岸	800		800	丁坝加高洪丁坝
37	沈阳市	新民市	辽秀汇口	右	兑岸	300		300	石笼护坡
38	沈阳市	新民市	辽滨塔	右	兑岸	800		800	软体排平顺护岸加丁坝
39	沈阳市	新民市	韩家窝堡	右	兑岸	1300		1300	软体排平顺护岸加丁坝
40	沈阳市	新民市	李家河套	右	兑岸	650		650	软体排平顺护岸加丁坝
41	沈阳市	新民市	羊草沟	右	兑岸	200		200	软体排平顺护岸加丁坝
42	沈阳市	新民市	兰旗	右	兑岸	1850		1850	软体排平顺护岸加丁坝
43	沈阳市	新民市	西章士台	左	兑岸	1300		1300	软体排平顺护岸加丁坝
44	沈阳市	新民市	平安堡	左	兑岸	2200		2200	软体排平顺护岸加丁坝
45	沈阳市	新民市	小岗子	左	兑岸	1100		1100	软体排平顺护岸加丁坝

续表

序号	市	县（市）区	工程名称	岸别	成险原因	险长（米）	已处理长度（米）	未处理长度（米）	处理措施
46	沈阳市	新民市	沈家岗子	左	裁弯	350	246	104	软体排平顺护岸
47	沈阳市	新民市	新立屯	左	兑岸	500		500	软体排平顺护岸加丁坝
48	沈阳市	新民市	狼尾泡	左	兑岸	700		700	软体排平顺护岸加丁坝
49	沈阳市	新民市	小河套	左	兑岸	600		600	软体排平顺护岸加丁坝
50	沈阳市	新民市	韩家窝堡	左	兑岸	1300		1300	软体排平顺护岸加丁坝
51	沈阳市	新民市	关家店	左	兑岸	900		900	软体排平顺护岸加丁坝
52	沈阳市	新民市	毓宝台	左	兑岸	800		800	
53	沈阳市	沈北新区	高坎险工	左	兑岸	3200		3200	软体排平顺护岸加丁坝
小计	53 处					64630	4646	59984	
合计	114 处					126117	15923	110194	

（4）砂堤砂基处理

根据堤防成险原因，针对堤身堤基地质条件，拟采取以下具体形式对砂堤砂基进行处理：

①对于堤身不满足渗透要求的，以迎水面堤坡土工膜防渗、迎水面堤坡黏土斜墙防渗（垂直于堤坡方向墙厚 1 米）型式为主；以迎水侧护堤地水平黏土铺盖（黏土厚 1 米）结合堤坡土工膜防渗（或堤坡黏土斜墙防渗）；背水侧堤坡贴坡排水；三维网格等生物防护措施为辅助。

②对于流域内堤基不满足渗透稳定要求的，采用堤基垂直防渗措施，以堤基垂直铺塑（贯入度 6～10 米）、堤基深层搅拌桩水泥土截渗墙（墙厚 20 厘米，贯入度 10～15 米）防渗型式为主；以堤基高喷灌浆（定喷，贯入度 15 米以上）、迎水侧护堤地水平黏土铺盖（黏土厚 1 米）结合背水侧堤基减压井或排水沟减压等其他措施为辅助。

③对于流域内堤身、堤基均不能满足渗透稳定要求的，以堤坡土工膜结合堤基垂直铺塑、深层搅拌桩水泥土截渗墙防渗型式为主；以堤身、堤基高压喷射灌浆、迎水侧护堤地水平黏土铺盖（黏土厚 1 米）结合迎水侧堤坡土工膜，结合背水侧堤基减压井或排水沟减压型式为辅助。

建议：垂直防渗（包括垂直铺塑和水泥土截渗墙）特别适用于地基透水层较薄、隔水层较浅的情况，此时可以做成封闭式防渗幕墙，堤基的渗流量和扬压力可以得到有效控制，从而可以达到根治堤基渗透破坏的目的。对双层或多层透水地基且透水层较深的情况，悬挂式垂直防渗幕墙的效果较差，封闭式垂直防渗难度大且造价太高，不宜采用。对多层地基且存在浅层弱透水层的情况，考虑采用半封闭式垂直防渗，但必须在勘察资料充分并经渗流计算充分论证后方可采用。

（5）河道清障

辽河中下游段现状河道内设障均非常严重，套堤等阻水障碍物很多已发展到河槽边，河道行洪断面被大幅缩窄，河道行洪能力严重下降，发生中小洪水就危及堤防安全。

遵循《中华人民共和国防洪法》和《辽宁省河道管理条例》，根据现状河道设障情况，在兼顾当地老百姓利益的前提下确定近期清障方案。

2011 年汛前顺河势自上而下清理出主行洪通道，保证中小洪水不成灾。辽河主行洪通道宽 1000 米，主行洪通道内套堤（含导水路）全部拆除，以外的套堤（含导水路）降低高程，套堤顶必须控制在设计水位下 1 米，不得再新建或加固套堤；行洪通道内阻水林木顺水流方向按 2∶1 比例间伐出行洪通道，单个通道宽度不小于 10 米；距迎水侧堤脚 50 米内的鱼塘全部清除填埋；河道内油田围堤全部拆除，降低作业路路面高程至滩面上 0.5 米内；依法清理河道内砂场，平整滩面。

远期河道内套堤（含套水路）、阻水林地全部清除或间伐，距堤脚 100 米内的坑塘全部清除填埋，阻水桥梁在改扩建时消除阻水影响，河道内现有村屯全部搬迁至堤内，油田设施改造最大限度地减少阻水影响。恢复堤防设计防洪能力。

3.2 河流岸坎修复规划

3.2.1 规划目标

岸线保持蜿蜒曲折的形态，以打造生态的、多样性的岸坎为目标，局部陡坎及险工段采用人工治理与自然恢复相结合的手段。在清理河道内影响河流畅通的障碍物、治理河滩坑塘的基础上，以工程与植物措施相结合、人工治理与自然恢复相结合的手段对全河段岸坎进行修复和治理，确保发生平滩流量以内的洪水时，使河道行洪通畅，岸线平顺、清晰，河势基本稳定。

3.2.2 规划原则

安全性原则：对辽河干流（沈阳段）岸坎进行防护后，能够起到固脚护堤的作用，确保发生设计标准洪水时（P=20%）主槽岸坡稳定，保护橡胶坝和滩地生态建设工程的安全。

经济性原则：岸坎生态修复治理工程布置应经济合理，努力做到风险最小且效益最大，按照洪水期河道各段的不同流速以及河道两岸生活不同景观功能要求，确定岸坡防护型式。

自然性原则：考虑河道洪水流势的合理性，因势利导，兼顾上下游及左右岸，尽量尊重河流原有的自然形态。

生态性原则：保护和恢复河流形态的多样性，满足生态河流的边界要求，为河道植物生长和动物栖息创造条件，尽量避免河流的渠道化。

景观性原则：考虑景观方面的要求，在充分发挥水利工程防洪效益的同时，力争使其成为一道优美的环境工程。

3.2.3 规划方案

1. 缓坡治理

缓坡段坡面植被覆盖情况因岸坎高差、岸坎坡度、坡面土质及河槽水位变动幅度不同而略有变化，岸坎高差大、坡度陡峭、坡面土质差（粉土、细沙为主等坡面）、水位变动幅度大的坡面植被覆盖情况差些，反之则好一些。通过现场查勘及各市、县的反映，对于植被较好的缓坡段，应以维护为主；对于植被较差的缓坡段，则应插种一些适合当地生长的灌木（如白浆柳、红毛柳等喜水树种），利用灌木根系发达、生长迅速的特点固定坡面土壤，进而渐次地恢复坡面杂草野花等植被。

2. 陡坡治理

陡坡按所处河段河道特点及对两岸防洪和生态安全的影响划分为三种类型：

（1）陡坡段为重点弯道段

即对河势发展影响较大同时对两岸防洪安全影响也较大的弯道陡坎段。治理的主要思路就是在常水位以上开始进行削坡，先削出宽 1 米的一个平台，然后以 1∶2.5 的边坡削到坎顶，坡面、平台、平台以下采用耐腐蚀性较好的铅丝石笼防护，平台上压铅丝石笼压重稳固坡面石笼及水下石笼，坡面石笼上覆 0.4 米厚坡面开挖土，回填开挖土应以表层土为主，表层土不足以下层土补充。

（2）陡坡段为一般弯道段

即对河势发展及两岸防洪安全影响不大但对生态安全构成威胁的弯道陡坎段。治理的主要思路就是在常水位以上开始进行削坡，先削出宽 1 米的一个平台，然后以一定边坡削到坎顶，平台、平台以下采用耐腐蚀性较好的铅丝石笼防护，平台上压 0.5 米铅丝石笼压重稳固平台及水下石笼，坡面采用生态防护（如稻草垫、三维植被网等措施）。

（3）陡坡段为顺直段及弯道过渡段

由于河道演变速度相对较慢且其演变对防洪及生态安全影响也较小，治理的主要思路与一般弯道段较为类似，区别在于坡面以自然恢复为主，平台及平台以下也不采取工程措施防护。

①生态护岸

辽河大部分区段岸坎不存在安全隐患，可结合湿地、植被种植以生态的手段进行生态恢复。

图 3-2　结合湿地的生态岸坎断面

图 3-3　结合植被种植的生态岸坎断面

②需结合人工治理的护岸

通过生态岸坎修复，保障主河道的稳定性。结合橡胶坝对周边岸坎防护工程进行了设计，设计标准为 5 年一遇。

岸坎修复工程主要是对辽河干流沈阳段 5 座橡胶坝生态示范引导区范围内的河道主槽陡坎岸线进行削坡整理及水下工程防护，初步达到岸线平顺、清晰，稳定局部河势，保障橡胶坝正常运行的目的。

3.3 生态防护林及植被恢复（绿化）规划

3.3.1 指导思想

以增加和恢复森林植被为出发点，以培育森林、提高林分质量为中心，以防止水土流失、增强森林涵养水源功能，改善区域生态环境、建设生态带为目标，以人工造林为手段，以体制、机制、制度创新为动力，以科学技术为依托，合理组织生产要素，优化林种、树种结构，实现森林资源培育、保护、开发利用的可持续发展，促进人与自然的和谐发展，推动经济社会的全面协调可持续发展。

3.3.2 总体目标

根据辽河滩地宽广的特点，结合地域特色，规划以自然封育为主，结合生境布置植物群落，恢复辽河恢弘大气、大尺度的原生态景观，规划期末河滨带植被覆盖率达到 90%（绿地面积约 400 平方公里）。

3.3.3 规划原则

统一而丰富的植物设计是本次规划的重点。植物空间应以舒展、大尺度的风格为主，着重体现以下几个原则：

1. 最大限度地保留原有树木；
2. 以乡土树种为主，形成生态稳定的植物群落；
3. 科学营造生态湿地，使其起到景观与净水的双重作用；
4. 种植应反映季节的变化，注重乔、灌、草的搭配，晕染出不同季节的美景；
5. 基于辽河生态环境的现状，以及滩地大而广的特征，规划采取主体封育优化的手段，提高操作的可行性。

3.3.4 品种选择

在保留与整理原有林地的基础上，植物种植结合水位变化，呈群落化布置，物种间生态位互补，形成层次丰富、联系紧密的系统，同时保留一定的视线通廊。

阔叶树林：以榆树、柳树、槐树等乡土树种为主，适当搭配火炬树、白蜡、枫杨等耐水湿树种，以及京桃、山杏等观花树种。

针叶树林：点缀种植油松、桧柏等，展现树木的枝叶美，兼顾冬季景观效果。

灌木：以河柳、珍珠梅、砂地柏等郊野性浓，以及绣线菊等具有一定色彩的种类为主。

草花：以狼尾草、蒲公英、小叶章、波斯菊、野花组合等为主，展现野性的大地之美。

湿生：临水以芦苇、菖蒲、千屈菜等为主，体现生态之美。

经济作物：局部地段进行经济作物调整，以油菜花、燕麦、紫花苜蓿草、万寿菊等代替原有耕地，既有经济效益又有景观效果。

3.3.5 规划布局

针对城市季节河流的整治和改造，提出"以绿代水"的生态恢复与重建模式。在保留与整理原有林地的基础上，植物种植结合水位变化，呈群落化布置，物种间生态位互补，形成层次丰富、联系紧密的系统，同时保留一定的视线通廊。注重空间异质性的营造，实行分区恢复和保护，具体措施如下：

中心保护区：在回水范围内以种植湿生植物为主，净化水质；

绿色缓冲区：岸坡和岸边滩地栽植耐水湿的灌木带，稳定边坡；

生态过渡区：上部结合土质，适量种植能耐水湿、耐水淹的乔木、林果树，保持水土，涵养水源。

图 3-4　绿化种植布局图

3.3.6 群落布置

1. 现状植物群落

根据 2011 年生物多样性监测，辽河沈阳段共有植物群系 22 种、植物 187 种。

在群落构成上，以水生草本植物群落、湿生草本植物群落、中生草本植物群落、旱生草本植物群落和乔灌木群落为主。

现状存在问题：

（1）现有群落内的植物种类单一；

（2）乡土植物群落遭到破坏；

（3）外来物种入侵严重。

优化措施：

规划重点依据现状植物群落类型和植物种类，并对其进行科学优化。

（1）根据现状群落进一步丰富植物种类；

（2）保护并恢复乡土植物群落；

（3）控制苘麻、三裂叶豚草、加拿大蓬等外来物种入侵。

2. 规划植物群落

根据地域特征和现状植物群落情况，规划重点保护乡土植物并进一步丰富植物种类，营造空间异质性。

水生草本植物群落：以挺水植物、沉水植物和漂浮植物为主。建议采用布袋莲、浮萍、满江红属、大萍、槐叶萍、香蒲、茭白、苦草、金鱼藻等。

湿生草本植物群落：物种选择建议以土著种为主，例如芦苇、水蓼、红蓼、北重楼、野大豆、白屈菜等。

中生草本植物群落：建议采用波斯菊、苜蓿草、矮牵牛、地被菊、白三叶、百日草、金焰绣线菊等。

旱生草本植物群落：建议采用芦苇、狗尾草、黑麦草、早熟禾、偃麦草、野牛草、高羊茅、匍匐剪股颖等。

乔灌木群落：建议采用刺槐、旱柳、核桃、枣、银中杨、北无味子、紫穗槐、沙棘等。

3.4 生态蓄水规划

河流生态功能退化主要是因为水量不足、水质较差、河道挖沙、植被破坏等造成的。所以，满足河流生态用水量是河流恢复生态功能的基本保障。2015 年生态蓄水量达到 1 亿立方米。

（1）建设与恢复 11 个支流及排干河口湿地，1 个东西辽河汇合口湿地，增加河道蓄水量约 2600 万立方米。

（2）建设干流湿地，贯通现有河道内坑塘，增加河道蓄水量约 1400 万立方米。

3.5 支流河口湿地建设及综合治理规划

3.5.1 支流入河水质

支流是辽河流域河流污染物的主要来源，支流河口湿地发挥着重要的生态调节功能，可有效地截留并净化支流来水中的污染物，有助于确保辽河干流水质达标，生态功能恢复。

在辽河干流沈阳段的 12 条支流中，小河子、小河子河和柳河 2011 年的平均水质和 2012 年 7 月的水质均达到或好于Ⅳ类水质；拉马河 2011 年的平均水质为Ⅲ类，2012 年 7 月为劣Ⅴ类，超标项目主要是 COD 和 BOD。

其他 8 条支流水质均为Ⅴ类和劣Ⅴ类，主要超标项目为 COD、BOD 和氨氮。

支流主要污染源为生活污水、生活垃圾、畜禽粪便和农业污染。

各一级支流及排干水质情况见表 3-6（本书第 53 ～ 56 页）。规划根据支流污染程度和河口滩涂面积，确定各支流河口人工湿地面积及工程布局。河口湿地类型全为表面流湿地，充分利用天然植物，补充部分控污植物，形成天然植被与人工种植相结合的复合型湿地。结合干流植被恢复规划，湿地植被类型包括水生、沼生和湿生，而对于重污染支流河口人工湿地需选择一些控污型植物，如芦苇、香蒲等。河口湿地建成后，出水 COD 降至 50 毫克／升以下，氨氮降至 5 毫克／升以下。

3.5.2 规划目标

2015 年 12 条一级支流及排干的 11 个河口、1 个东西辽河汇合口，共 12 处河口湿地建设完毕，湿地生态功能得到恢复，生物种类和数量显著增加。入干流水质消除劣Ⅴ类。

2020 年全部一级支流入河水质达到Ⅳ类及以上。

3.5.3 规划方法和技术路线

1. 湿地构建方法。综合考虑河口区面积、地势、水文、基质和生物等相关因素，确定湿地构建相关设计参数，给出布局，河口湿地面积由支流污染负荷和枯水期水量计算而定，停留时间 5 ～ 7 天，洪水期 1 天。

2. 湿地植物搭配。湿地植物选择包括水生、沼生和湿生，对于污染负荷较大的支流，主要选择一些控污型植物，如芦苇、香蒲等，对于芦苇和香蒲等经济作物秋后需收割，使其资源化。

表 3-6

辽河干流沈阳段一级支流入河水质及河口湿地建设规划

序号	县(市)区	一级支流(排干)	位置	基本情况	治理目标	2011年平均水质	主要超标因子	2012年7月水质	主要超标因子	污染源	规划治理措施
1	康平县	八家子河(三河下拉)	右岸	八家子河发源于康平县李孤家,又系康北北涝区的排水干线。流经小城子、康平镇,在郝官屯乡汇入李家河川排干,在三河下拉处汇入辽河,河长45.6公里,主河槽宽8~50米,比降1.2/1000	V	V	平水期COD偶尔超标	V	平水期COD偶尔超标	生活、农业、畜禽	1. 三河下拉湿地 2. 八家子河清淤和人工湿地建设工程
2	法库县	小河子	右岸	法库县和平乡和平提水站南侧有一条小河入辽河,发源于和平村,河长1.5公里,无堤防,无污染源,两侧为农田,无企业排口	V	IV	较稳定达标	IV	平水期COD、BOD偶尔超标	生活、农业、畜禽	湿地建设
3		小河子河	右岸	发源于法库县依牛卜乡戴地东山,由低洼排水干沟汇集而成,流经三尖泡,在三面船镇南汇入辽河。流域面积178平方公里,为季节性河流,水量较小,有断流现象,河面宽5米左右,河道宽20米左右,河长大约3公里	V	III	稳定达标	II	稳定达标		湿地建设
4		▲拉马河(入河口在铁岭境内)	右岸	拉马河发源于法库县内四家子蒙古族乡北八虎山东麓,经五台子、大孤家子、三面船、依牛堡等乡(镇),形成一条由西北向东南的带状河谷平原,全长25.85公里。中游建有尚屯水库(法库财湖)。由依牛堡乡祝家堡村北宁家山出境,在铁岭陈平堡南汇入辽河	IV	III	较稳定达标	劣V	COD、BOD偶尔超标	生活、农业、畜禽	湿地建设

续表

序号	县(市)区	一级支流(排干)	位置	基本情况	治理目标	2011年平均水质	主要超标因子	2012年7月水质	主要超标因子	污染源	规划治理措施
5	沈北新区	左小河	左岸	发源于沈北新区新城子乡新南村南田间一带，流经新城子、兴隆台、石佛寺、黄家四乡镇，干黄家乡拉塔湖西北汇入辽河。流域面积118.4平方公里，河长18.9公里，河宽70～200米。河道宽大约70米，河面宽30米，在八间房段，河水浑浊，有异味，在沈北新区北部大拉塔湖，最后入人辽河干流	V	劣V	氨氮超标，平水期间COD超标	劣V	COD、BOD、氨氮	生活、农业、畜禽	1. 左小河清污 2. 湿地 3. 左小河流域生态治理
6		长河	左岸	长河发源于马刚乡邱家沟村山谷一带，在黄家乡后高坎村汇入辽河，流经马刚、清水、新城子、黄家四乡镇，全长32公里，汇水面积112.5平方公里，河面宽12～15米，上游西小河、羊肠河、万泉河和长河在石佛寺水库堤外汇合，在水库闸前与水库排水汇合，进入辽河干流	V	劣V	平水期氨氮超标	V	COD、BOD、氨氮(偶尔超标)	生活、农业、畜禽	1. 万泉河口湿地 2. 长河清污 3. 长河流域生态治理 4. 万泉河河道综合治理
7	新民市	秀水河	右岸	发源于内蒙古自治区库伦旗白音花乡，从沈阳市康平县张家窑村入境，流经康平、法库和新民，干新民公主屯镇关家窝堡入辽河，公主屯镇两个乡镇，在沈阳境内流域面积1843平方公里，河长130.23公里，河床比降为1/1500～1/1000，河道宽大约200米，河面宽4米	IV	劣V	氨氮、COD超标	IV	COD、氨氮(偶尔超标)	生活、农业、畜禽	湿地建设

续表

序号	县(市)区	一级支流(排干)	位置	基本情况	治理目标	2011年平均水质	主要超标因子	2012年7月水质	主要超标因子	污染源	规划治理措施
8	新民市	养息牧河(断流)	右岸	发源于彰武县二道河子乡，经彰武从新民市于家窝堡、大柳屯镇，流子乡、东城街道办事处，于东城街道吉祥堡入辽河。在沈阳境内流域面积448平方公里，河长35公里，河宽50~100米	V	劣V	平水期氨氮超标	V	较稳定达标	生活、农业、畜禽	湿地建设
9		柳河(断流)	右岸	发源于内蒙古自治区奈曼旗打鹿山，经彰武，从新民市余家窝堡北边村流入沈阳境内，流经新民市于家窝堡乡、大柳屯镇、高台子乡、梁山镇、周坨子乡、新民城区、新城街道、西城街道、柳河沟镇9个乡镇等，与新民市西城街道王家窝堡汇入辽河。总流域面积5791平方公里，河长253公里。沈阳境内流域面积543平方公里，河长47公里，河道宽大约300米	IV	IV	较稳定达标	IV	稳定达标		湿地建设
10		南窑村无名小河(断流)	右岸	小河河道宽1~1.5米	V	劣V	COD超标	III	稳定达标	生活、农业、畜禽	

续表

序号	县(市)区	一级支流(排干)	位置	基本情况	治理目标	2011年平均水质	主要超标因子	2012年7月水质	主要超标因子	污染源	规划治理措施
11	新民市	付家窝堡排干	右岸	北起新民刘屯,在辽河付家窝堡处入辽河,全长29.28公里,流经大柳、高台子、新城、东城4个乡镇。流域面积127.58平方公里,直排入辽河,城镇生活污水排入、污水处理厂处理后排入,河面宽6米,深0.5米,河道宽30米左右,有护堤林	V	劣V	COD、氨氮超标	劣V	COD、BOD、氨氮	生活、农业、畜禽	1.清淤 2.付家窝堡排干口湿地
12		燕飞里排干	左岸	北起罗家房乡,在辽河王家窝堡入辽河,全长36.5公里,控制面积224.57平方公里,流经罗家房、兴隆店、大喇嘛四个乡,总流域面积286.02平方公里,常年无水	V	V	平水期COD超标	IV	稳定达标	生活、农业、畜禽	燕飞里排干口湿地

规划技术路线图如下：

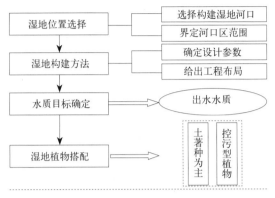

图 3-5　湿地规划技术路线

3.5.4　支流河口湿地建设规划方案

根据支流水质情况以及主要污染因子、污染源，重点治理不达标的入河支流和排干。辽河干流远期水质目标要稳定达到Ⅲ类水，同时考虑增加生态蓄水量，故对全部 11 个一级支流河口进行综合治理，内容包括湿地建设、河道清污、治沙等。对进入干流的支流河水进行净化，支流河道进行清淤，两岸污染源进行综合治理。

3.5.5　支流河口湿地生态系统恢复建设措施

支流河口湿地恢复与建设完成后，需逐步恢复河口湿地生态系统，具体工作包括以下几方面：

1. 湿地下垫面整治。湿地建成后，以水系联通优化为前提，整治湿地各个组成部分下垫面，形成适合植物梯度分布生长的地势。

2. 水文条件恢复。河口湿地水文恢复主要通过干流橡胶坝提高水位来实现，部分湿地超出橡胶坝控制范围，可内部蓄水调节。

3. 植被恢复。植被是河口湿地生态系统的重要组成部分，河口湿地植物包括水生（水芹等）、沼生（莎草等）、湿生（水蓼等）；重污染河口湿地搭配栽种控污植物，如芦苇等；兼有景观河口湿地搭配栽种景观植物。

4. 生境恢复。河口湿地生境主要针对鸟类生长环境，在湿地建成后形成的孤立沙心洲和河漫滩区域，通过自然封闭，逐渐恢复鸟类觅食区，及其栖息地。

5. 水文调控与管理。河口湿地水位变化要定期监控与管理，水位变化过大时，需通过橡胶坝调控，而湿地内水量保持可内部调节。

6. 生态旅游管理。景观型河口湿地周边可发展生态旅游，但要防控生态旅游产生次生污染，保护湿地环境和功能。

3.6 干流生态恢复规划

3.6.1 规划目标

通过干流生态系统的恢复，辅以支流河口湿地功能恢复与污染源治理，干流水质达到总体规划目标。

3.6.2 生态恢复规划

1. 湿地建设与恢复

通过干流湿地等生态系统与功能的恢复，净化和改善河流水质。

除支流河口湿地外，在和平、通江口、石佛寺水库－七星山、马虎山、巨流河、毓宝台、满都户、本辽辽、红庙子、方家岗子、长沟村节点河段建设和恢复湿地，增加河道净水功能。增加湿地总面积约 23000 亩。

利用芦苇、菱草等具有物理阻滞作用的水生植被，降低沉积物的再悬浮，并大量吸收水体和沉积物中的养分元素。在湿地建设项目实施过程中，水深小于 0.8 米的水域种植芦苇、香蒲等挺水植物；对于辽河泥质部分的河床和河岸可采用天然植物措施，常水位以下配置沉水植物，增加水下生态景观和净化水质功能，常水位线以下至枯水位部分从深到浅分别种植挺水植物、浮水根生植物和漂浮植物，如荷花、睡莲、凤眼莲等；常水位线至洪水位线配置湿生植物如芦苇；洪水位以上配置中生植物，如垂柳、侧柏、苹果、桃、杏等，增加河道绿量，做到乔、灌、草相结合、高、中、低相配套，形成稳定高效的自然湿地。另外，以现有基层河道管理机构人员、站房为基础建立巡护站，增加必要的观测设施，形成保护区日常巡护管理与生态综合监（观）测网络，主要建设内容包括站房及配套措施、远程数据传输设施建设，配备监测仪器设备、采样船、车辆、通信设备。

2. 河岸带恢复

河岸带是水陆生态交错带，指介于最高水位线和最低水位线之间的水、陆交错带，是水生生态系统与陆地生态系统间一种非常重要的生态过渡带。河岸带的构造见图 3-6。

河岸带在阻滞污染、净化水质、涵养水源、蓄洪防旱、维持生物多样性和生态平衡等方面均有十分重要的作用。利用河

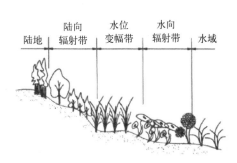

图 3-6 河岸带构造

岸带，在水流缓慢的地段铺垫一定数量的酶促填料与吸附填料，构建一个由多种群水生植物、动物和各种微生物组成并具有景观效果的多级天然生物生态污水净化系统，对湖水和雨水径流进行生物与植物净化，净化后的水直接进入河流主体，有效地去除了湖体内的富营养元素，并可以防止雨水径流造成的面源污染。

结合辽河干流岸坎修复工程，稳定河岸，恢复河岸植物，从而恢复河岸带生态系统，增强对河流水体的净化功能。

3. 河道水体净化与景观化节点规划

选择河道有一定坡降、地形宽阔的河段，在主河道旁侧建设一处集景观喷水（曝气增氧）－生物氧化过滤－湿地景观为一体的河道旁滤净化与景观节点相结合的河道水质净化系统，将主河道一部分水量进行强化净化处理，以达到改善水质的目的。

4. 河道水体生物需氧量保障

天然水体中的水生生物基本是好氧类型，其生长繁殖需要一定的氧气，所需要的氧主要来自大气。大气中的氧溶解在水中称为溶解氧。

河水由于污染，在水体生物净化过程中消耗大量溶解氧，致使水面自然复氧不及，造成水体溶解氧含量下降，水体缺氧，深水层甚至厌氧，水体发臭，水生生物正常生命活动受到抑制，水生态系统遭到破坏。通过人工增氧措施，提高水体溶解氧含量，保障水生生物生长繁殖，提高水体净化能力。

增加水体溶解氧的措施包括自然溶氧和人工增氧。自然溶氧主要是增加水面面积，增加大气复氧。河道人工增氧主要有增氧生态床、橡胶坝跌水、移动设施增氧等。辽河干流沈阳段河床平坦，没有足够的落差可以利用，人工生态增氧主要采用设置橡胶坝方式。

①湿地水面增氧

通过前述所增加的湿地面积，利用水面复氧和植物作用，提高水体溶解氧，供水生生物生长繁殖的需要。

②河道充氧船增氧

充氧船是一种移动式的水上充氧平台，20 世纪 80 年代以来逐渐得到较多的应用，在有些国家（如英国）已作为重要的污染缓解措施纳入河流管理系统。曝气充氧船可在较短时间内提高水体溶解氧浓度，还可使河底上层底泥中还原性物质得到氧化，使以有机污染物为营养的好氧微生物菌群大量繁殖，强化水体净化功能。

以一艘曝气充氧船每小时曝气充氧 45 千克，曝气深度为 1.5～4 米计，提供的溶解氧可协助水中微生物每小时降解 COD26.4 千克、BOD43 千克、氨氮 9.84 千克。

上海市在苏州河环境综合整治一期工程中建造了一艘充氧能力为 150 标立方米／小时的充氧船（"沪苏曝氧 I 号"），作为工程性试验和辅助消除黑臭的手段。该船于 2002 年 4 月进行了试航，并于 2003 年 7 月正式投入运行。结果表明，该船在夏季可使苏州河水体增加 0.56 毫克／升的 DO，在冬季增加 0.61 毫克／升；充氧时有效影响范围可以到达下游 1200 ～ 1500 米。

借鉴上海市苏州河治理的成功经验，在辽河恢复通航能力时，可购置河道曝气充氧船，针对局部河水发黑臭、溶解氧不足的情况，在干流河道进行可移动曝气充氧，以适应河道水体溶解氧变化的需要。

3.7 生物多样性保护规划

2010 年以前，由于长期开发，沈阳市辽河流域生态系统已遭到严重破坏，真正意义上的原始植被不复存在，现存植被均属次生群落，生物种类和数量较历史记录均有较大程度的减少，生物多样性保护刻不容缓。

2010 年以后，设立了辽河保护区，河道两侧共 1050 米范围（含水体）实施了全线封育，滩地植被大幅度改善。但是，生物种类与数量的恢复要远滞后于水环境的改善，因此，辽河生物多样性保护任重道远。

3.7.1 主要问题

1. 生物多样性保护投入不足

生物多样性保护方面的工作远远落后于污染治理。辽河流域大规模的环境污染治理走过近 20 个年头，已经取得了比较显著的成效。但其治理重点在于环境污染的控制，而对失衡的生态环境综合治理与恢复，特别是生物多样性保护方面的投入，则刚刚起步。

生态环境的恢复包括两方面的工作，一是控制污染；二是生态保护与恢复。以环境污染、过度开发为主的污染型发展，造成环境污染严重，生态系统遭到严重破坏，生物种类和数量大幅下降，生态功能急剧下降。而环境生态功能的全面恢复，除要求水清、空净的基本条件外，还要伴随莺飞燕舞的勃勃生机。

以辽河鱼类为例，2011 年监测到 15 种，尽管与 2009 年的 9 种相比，增加了 6 种，但相对于 20 世纪 70 年代末期、80 年代初期的 96 ～ 99 种，尚不足其六分之一。

生物多样性保护投入不足，还体现在相应的科研能力建设方面。例如珍稀物种的有效保护方法、措施和实践等。

2. 生物多样性保护体系不完善，管护水平有待提高

沈阳市辽河保护区管理局，成立于 2010 年，各项工作虽已渐入正轨，但均有待于加强和改善，特别是生物多样性保护工作，各种条例条令、措施、政策的制定与实施，保护工程的建设，都有待于落实。

就目前来说，虽然在辽河保护区内的所有管辖权均归沈阳市辽河保护区管理局，但仅限于辽河保护区范围。而要做好生物多样性的保护工作，则必须涉及全流域，甚至流域之外。这就要求辽河局不仅做好管辖地域范围之内的事，还要协调好与沈阳市其他部门、辽宁省有关部门、邻省区等的关系、职能和工作。

（1）辽河保护区生物多样性保护体系不完善，保护性投入不足，基础科研能力弱，管理水平有待提高。

（2）对生物多样性现状缺乏全面深入的调查。

（3）生物种类和数量均较少。例如鱼类，特别是一些常见经济种类如沙塘鳢、黄颡鱼、怀头鲇等已濒临绝迹。

（4）河流湿地、河岸带等生物栖息空间生态功能不完善。

（5）有害外来物种需要有效控制。

（6）生物多样性保护意识需要提高。

3. 应对生物多样性保护新问题的能力有待提高

辽河流域生物多样性保护工作百废待兴，包括现有问题的有效解决和面对新问题的应对能力。

因污染和过度开发引起的生物种类和数量大幅下降的生态系统的恢复问题，有待于实施有效措施去落实。而面对近 10 年来我国环境污染突发事件集中爆发的现实，我们还缺乏有效应对生物多样性随之受到破坏的能力。

3.7.2 指导思想

按照国家"建设生态文明"的战略构想，遵循"人水相亲、自然和谐"的理念，落实"让江河湖泊休养生息"的国家战略，恢复辽河生态系统应有的功能，保护生物多样性，生物种类和数量均得到较大程度的改善，让辽河两岸重现勃勃生机。把辽河保护区打造为"生态廊道、绿色廊道、人文廊道、和谐廊道"。进而实现辽河流域生态系统的良性循环、经济社会与环境协调发展、人与自然和谐共融。

3.7.3 基本原则

1. 尊重自然规律，科学创新原则

辽河流域具有其特有的河流流域特性，栖息其中的辽河生物有其自有的生长繁

殖要求与规律。因此，恢复和保护辽河生物多样性，必须遵循自然规律，维护生境的完整性和可持续性，避免损害生物和生态系统的教训重演。

辽河生物多样性的保护工作才刚刚起步，有许多关键性问题需要技术攻关和创新，同时还要充分利用现有科技成果，为保护工作奠定坚实的技术基础。

2. 保障生态系统稳定需求原则

生物多样性的维持，是以生物群落为基本单元的，而生物群落的稳定则需要适宜生物生存的良好生境，包括适宜的栖息空间、足够且协调的营养成分、健康的生态链或生态网。各种生物群落的连续延展，组成了一定区域内的健康生态体系。

3. 保护土著种原则

在漫长的辽河流域生物进化过程中，形成了辽河生物间相生相克的和谐关系。目前，辽河保护区三裂叶豚草、苘麻、加拿大蓬在一些地段形成了单优群落，这些外来植物超强的适应力对空间、阳光、营养成分形成了掠夺性争夺，对土著种造成了很大威胁。因此要恢复辽河生物多样性，必须有效控制外来物种，辽河土著生物为珍稀动植物提供了充足的生存繁衍空间，维护了辽河干流生物多样性。

4. 建设、保护、监管并重原则

建设并维持辽河流域良好的生境系统，需要先进实用的保护技术与措施，完善有效的监管体系，同时也需要全社会的共同关注与维护。

3.7.4 规划目标

近期目标：辽河干流湿地、支流河口湿地达到物理性完整，新增湿地面积6万亩；干流水质稳定达到Ⅳ类，支流入河水质稳定达到Ⅴ类；河岸带植被覆盖率达到90%；保护区鱼类数量增加，鸟类种群密度显著增加。

远期目标：形成布局合理、功能完备的保护区生物多样性体系，保护区内国家一、二级保护动植物濒危物种得到有效保护；保护区生物多样性调查与评估工作全面完成，并实施有效监控，制定有针对性、切实有效的保护措施。干流水质稳定达到Ⅲ类，支流入河水质稳定达到Ⅳ类；湿地功能系统完备、健康，河岸带植被覆盖率达到95%。

3.7.5 重点建设内容

生物多样性保护包括两个方面的工作，一是治理环境污染；二是对生物栖息地及重点种的保护。环境污染治理规划的内容在其他章节中有所体现，本节内容主要是对栖息地的恢复和种的保护。

1. 生物多样性资源现状的调查持续监测与评估。

2. 生境恢复。

3. 珍稀物种保护。

4. 生物多样性保护体系制度的完善与保护能力的加强。

5. 防治外来入侵物种。

入侵性外来物种由于强势的适应和繁殖能力，一旦形成群落或一定数量，对土著物种会造成巨大的危害，破坏生态系统的生物多样性。防治入侵物种包括对入侵物种的监测、对形成的优势群落进行人为限制，并防止新的物种入侵。

6. 生物多样性保护全民意识的提高

保护生物多样性是造福全民的事业，需要全民提高保护意识。

3.7.6　生境尺度需求

根据国内外学者对动植物生境尺度的研究成果，以及有关部门与单位对辽河的调查结果，辽河生物多样性保护对生境尺度的需求见图3-7。

根据辽河生物多样性保护对生境尺度的要求，需要将辽河保护区全部纳入生态用地范围，通过治理和保护达到全面恢复辽河干流生态的目的，恢复水生植物、水生动物、底栖生物、陆生植物、陆生脊椎动物、无脊椎动物和微生物等多种生物资源，进而彻底恢复辽河原有的生物多样性。

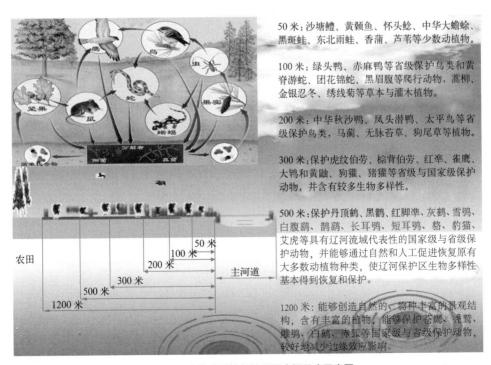

图 3-7　生物多样性保护所需空间尺度示意图

在物理空间满足的条件下，需要将物理空间建设、恢复为适宜生物栖息繁殖的健康生境。包括水体、河岸带、湿地、林地等。随着生境的不断恢复，将引导各类植物、小型动物生长、繁殖，吸引大型动物栖息，从而达到逐渐恢复辽河物种和增殖数量的目的。

3.7.7 保护规划

1. 体系建设规划

（1）完善生物多样性保护法规与条例

在进一步掌握辽河流域生物多样性现状基础上，制订和完善《沈阳市生物多样性保护条例》、《沈阳市自然保护区管理条例》等法规与条例，在法律层面上提高生物多样性保护工作的可操作性。

（2）明确生物多样性保护工作主管部门与职责

确定辽河生物多样性保护工作主管部门与职责，明确生物多样性保护工作的管理主体。

（3）建立生物多样性保护监测网络体系

建立生物多样性保护监测网络体系，包括生物多样性监测中心、监测样点、移动监测设施等。完成保护区域生物多样性现状调查，对辽河流域生物多样性进行全面评估，对生物多样性保护工作提出具体措施并适时修正，并使这两项工作成为常态工作内容。

（4）加强生物多样性保护科研能力建设

借助国内外、省内外有关科研院所的技术与人才优势，加强辽河流域生物多样性保护的科研能力建设，深入研究与实践保护方法与措施，为生物多样性保护奠定科技基础。

2. 生境恢复规划

（1）生境类型

生境多样性是生物多样性的基础，实现生物多样性需要保护并培育多样的生境。

（2）生境分布

结合河流两岸现状自然情况，将河流两岸防洪堤内的生境规划为六种，分别是树林、树林边缘、灌木丛、开放水面、沼泽和浅滩。

A. 树林：以乔木林为主，是哺乳动物、鸟类的栖息场地。

B. 树林边缘：乔木林与灌木林或草本植物之间的过渡地带，边缘效应明显，是辽河两岸重要的动物活动场地。

C. 灌木丛：一种以散布的耐旱灌木为主的地理景观，是一部分鸟类和小型哺乳动物的栖息地。

D. 开放水面：大尺度空间的水面，视野较为开阔，比如辽河干流的水库等。

E. 沼泽：现状河流两岸有部分洼地、鱼塘和牛轭湖，在积水不多的情况下形成了沼泽，是很多喜水、喜湿动植物栖息的场所。

F. 浅滩：指河床中水面以下的堆积物所形成的滩地，由于处在水体与陆地的交界处，因此边缘效应明显，亦是多种动物的栖息地。

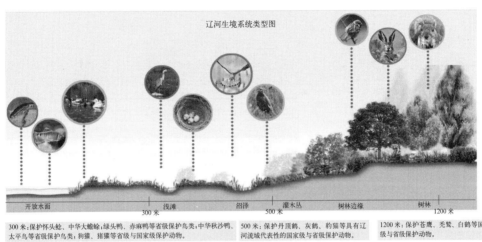

图 3-8　辽河生境系统类型图 1

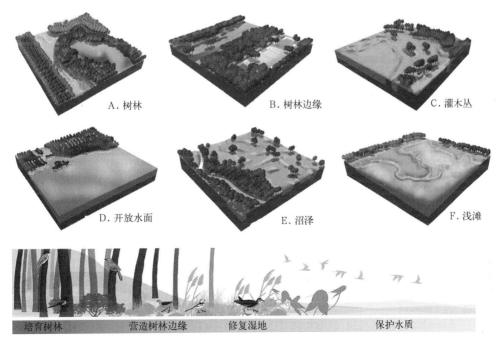

图 3-9　辽河生境系统类型图 2

（3）生境范围界定

①比较适宜范围

由图 3-5 可知，距离河岸 500 米的范围基本可以保护区域的生物多样性，形成比较适宜的生境物理空间，通过自然和人工的方式可以恢复大多数辽河原有的生物多样性性状。以辽河主河道平均宽度 200 米计，则需要河道两侧总计 1200 米的范围。

根据辽河保护区纵向分区、辽河干流生物多样性现状、土地利用现状和保护区理论，以 500 米的敏感区域为核心，确定生物多样性保护比较适宜的生境范围。辽河封育线宽度范围为 1050 米，基本满足适宜生境尺度要求。

②适宜范围

距离河岸 1200 米的范围，能够创造自然的、物种丰富的生境结构，含有丰富的植物，能够保护苍鹰、秃鹫、雕鸮、白鹤、赤狐等国家级与省级保护动物，较好地减少边缘效应影响。

因此，将距离河岸 1200 米的范围，确定为生物多样性保护适宜生境范围。辽河干流两侧大堤间平均宽度约 3000 米，完全满足适宜生境尺度要求。

③主要生境保护范围界定

按照辽宁省辽河保护区管理局 2010 年 11 月 26 日 1 号公告，辽河保护区干流的范围，有防洪堤段的将防洪堤坡脚外 20 米作为保护区边界，无防洪堤段的范围大于有堤段。两侧防洪堤间平均宽度约 3000 米，满足比较适宜生境 1200 公里的范围要求。但 1050 线外尚有两侧共约 150 米的农田。

根据辽宁省《辽河保护区治理与保护"十二五"总体规划》、《辽河保护区"十二五"生态系统修复专项规划》，到 2015 年，河岸区建设以大堤为界，大堤内所有土地将收回。届时将满足适宜生境尺度要求。

规划期主要生境保护范围为辽河保护区范围。在生境保护范围内，除管理用地、防洪用地等必要的非生态用地外，其余用地全部用作生态用地。农田用地要进行农药化肥使用的严格控制，并适当调整种植结构。

（4）设置辽河原生态自然保护区段

自然保护区设定的重要目的就是保护物种、种群、群落、生境，从而保护生物和生态系统多样性。

将福德店以南、京四高速公路以北段以及新民段的辽河干流保护区域设为原生态自然保护区（规划建设的景观节点除外），保护区内以植被、动物自然恢复为主，控制外来物种繁殖，保护土著种群的繁育。规划建设的景观节点，植被保持以土著种为主。规划景观节点以外的湿地建设与恢复，以最利于生物多样性保护为宗旨。

（5）湿地及河岸带建设与恢复

通过河口与干流湿地以及河岸带的建设与恢复，为水生生物提供良好的栖息地。

①在 12 条一级支流的 11 个河口、一个福德店东西辽河汇合口，建设和恢复河口湿地。主要针对鸟类生长环境，在湿地建成后形成的孤立沙心洲和河漫滩区域，通过自然封闭，逐渐恢复鸟类觅食区及其栖息地，形成完整的生物群落。

②结合岸坎恢复规划，恢复河岸带生态功能，有机衔接水体与湿地、陆地生境，保障生境的连续性。自辽河干流封育以来，在 1050 线内，已经形成了自然生长的滩地杂草植被，对部分裸露部位进行人工干预，增加植被面积。

③干流湿地，主要是坑塘湿地和牛轭湖湿地。

A. 坑塘湿地群

辽河沈阳段坑塘湿地群的石佛寺水库区域。

图 3-10 石佛寺水库坑塘湿地群位置图

湿地构建方法：结合辽河水系流向，整治沙坑区下垫面，通过坑－坑、坑－河水系联通技术，形成辽河干流连水面，并综合考虑沙坑区面积、地势、水文、基质和生物等相关因素，确定湿地构建相关设计参数，给出工程布局。

湿地植物搭配：坑塘湿地植物选择以恢复土著种为主，可选择性栽种控污型沙生植物，如杭子梢、苦参、黄芩等，植被栽种主要选坑塘湿地岸滩和沙心洲。

植被恢复：坑塘湿地下垫面主要是沙质，植物恢复物种多选择沙生植物，如苦参、牻牛儿苗、角蒿等，重污染区域坑塘湿地可搭配栽种控污植物，如芦苇、香蒲等。最大限度地恢复坑塘湿地群的沉水、漂浮、挺水等植物种群。

生境恢复：坑塘湿地群生境恢复主要针对鱼类和两栖类生长环境，结合养殖业，恢复其栖息地，实现浮游植物－浮游动物－小型鱼类－大型鱼类等食物链的完整和生物多样性。

水文调控与管理：坑塘湿地群水位调控十分重要，石佛寺坑塘湿地区是水库库区，因而湿地水位调节可通过水库放水闸进行。

B. 牛轭湖湿地

辽河沈阳段牛轭湖湿地分布情况，见表3-7。

牛轭湖湿地分布数量及中心区面积　　　　　　　　　表3-7

区段		牛轭湖自然湿地数量	湿地中心区面积（平方公里）
起点	止点		
福德店	通江口公路桥橡胶坝	6	8.34
通江口橡胶坝	哈大高铁公路桥橡胶坝	3	1.04
马虎山橡胶坝	巨流河橡胶坝	2	25.23
巨流河橡胶坝	毓宝台橡胶坝	1	36.93
毓宝台橡胶坝	柳河河口（橡胶坝）	2	7.65
共计		14	79.2

牛轭湖自然湿地恢复具体要求：牛轭湖自然湿地以废弃河道为湿地中心区边界，对坡度较缓的凸面河滩进行适当的坡度修整，以便在牛轭湖淹水后在凸面河滩的形成淹水深度不同的水生、沼生、湿生、中生的生境。牛轭湖新河道一侧的水利设施根据牛轭湖自然湿地中心区生态用水量和防洪泄洪的要求设置。

通过坡面修整，牛轭湖湿地中心区在非汛期可以形成淹水深度不同的水生、沼生、湿生、中生的多种生境，根据不同生境特点通过引入适当先锋种和建群种，使合适的土著水生植物成为优势物种是生态修复的关键。根据牛轭湖当地的水体质量、土壤质地、水位高低，选择耐污程度相当、土壤质地和需水合适的植物作为先锋种、优势种、建群种，进行湿地植物生境恢复。在水深小于0.5米的浅水区，栽植蒲草、芦苇等亲水植物；若为沙质土壤则选择杭子梢、苦参等沙土植物；若存在无水区则栽植灌木或多年生草本植物。水、土壤等物理生境和水生植物、鱼等生物生境必将为野生动植物和鸟类的迁徙、繁殖等提供栖息地，实现生物多样性和景观多样性，促使牛轭湖自然湿地自我恢复。

生境恢复：水生生态系统的恢复是一个整体的过程，需要考虑水、养分、土壤、植物等所有主要生态要素。通过下垫面的修整、生态水位的保持和合适先锋种和优势种的引种，重构辽河牛轭湖湿地的沉水、漂浮、挺水等植物种群和适宜鱼、鸟等动物生存的自然环境，再通过自然封育，使牛轭湖生态系统进入自我恢复和自然演替阶段，实现大型鱼类－小型鱼类－浮游动物－浮游植物等食物链完整和生物多样性，全面恢复牛轭湖湿地的生态功能和系统结构的长期自我维系。

C. 巨流河－毓宝台段的牛轭湿地建设

巨流河－毓宝台段的牛轭湿地，两座橡胶坝间距离仅 11 公里，水利控制条件较好。在此段通过下界面修整、植被恢复和水利调控建设 36.93 平方公里的大型牛轭湖自然湿地，形成具有明水面、深水区、浅水区、湿生、沼生、中生等多种生境，通过水生植被的恢复引导鱼、虾等水生动物群体的恢复，重新形成生物链完整、系统稳定和自我恢复的大型牛轭湖自然湿地。通过水利对牛轭湖湿地中心区的封育，为大型水生动物和鸟类提供无人为干扰的良好栖息地，使其在中心区自由地栖息繁殖，实现生物多样性、景观多样性和生态服务多样性。

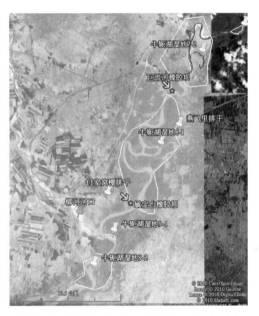

图 3-11　巨流河橡－毓宝台段牛轭湖湿地规划

3. 珍稀物种保护

（1）在全面调查和评估生物多样性本底的情况下，建设和恢复珍稀水生动物栖息地，植物种类全部选择土著物种，在营造适宜环境的基础上投放幼苗。

（2）制定辽河野生动物保护管理办法，禁捕原生动物，使辽河野生动物得以休养生息。

（3）实施全民保护行动

做好生物多样性保护的宣传工作，让生物多样性的重要意义、保护方法、措施等深入人心，做到全民保护。

（4）慎重外来生物的放生

近年来，居民保护生物的意识不断加强，对维护生物多样性起到了积极的作用。

但是，因为少数人随意将家养宠物放生，造成生物入侵现象，严重危害了本地种的生存。

有关部门或专业团体可制定预防生物入侵的管理规定，并加强预防生物入侵的宣传，保护辽河生物健康生长。

4. 保护意识建设

生物多样性的缺失，直接原因是人类活动，根本原因是人类对保持生物多样性的意义认识不深，没有树立生态思想和生态理念，过于强调人类在生态系统中的重要作用，过于追求向环境索取以满足自身无限增长的欲望。

如果人类能够正确认识自身在生态系统的位置与作用，正确认识保持生态系统的完整性、平衡性、生物多样性，以及对人类健康生存的重大意义，那么，对于生物多样性的保护就有了最重要的基础。

因此，保护辽河生物多样性，必须提高全民保护意识，充分调动全民生物多样性保护的积极性。

（1）扩大宣传途径，构建教育引导机制

通过多种途径和形式，扩大公众宣传和教育力度，在各种媒体、街道、乡镇、社区、农村，展开宣传，在大中小学教育中渗透，在干部考核中渗透，让绿色环保的生活习惯、工作习惯、生物多样性保护意识深入人心。

（2）严格执法力度，强化全民保护意识

在完善有关法律法规的基础上，严格贯彻执行，以强制约束公民的行为，从而逐渐培养公民自觉遵守法律法规的意识，让主动参与生物多样性保护成为全民的自觉行动。

（3）健全奖励机制，促进全民保护意识

健全生物多样性保护奖励机制，对于生物多样性保护工作开展得好的地区、单位、个人进行奖励，并加以宣传，让提倡保护生物多样性成为生态思想的主流意识。

5. 外来入侵物种防治

（1）辽河沈阳段外来物种现状

2011年辽宁省辽河局组织的对辽河生物多样性调查结果表明，辽河沈阳段的外来入侵物种19种，以植物为主。其中，苘麻、三裂叶豚草、加拿大蓬、野西瓜苗出现频度最高。外来动物1种，为巴西龟。

有害植物三裂叶豚草分布广泛，在一些地区已形成单优群落，已对土著种造成危害。

第 3 章
生态环境体系规划

四种频度最高的外来植物分布　　　　　　　　　　　　　　表 3-8

监测区	外来物种数	三裂叶豚草	苘麻	加拿大蓬	野西瓜苗
福德店	2	●			
三河下拉	3	●			◆
通江口	8	●	■	▲	
石佛寺水库	8	●	■	▲	
马虎山	2	●		▲	
巨流河	4		■	▲	◆
毓宝台	2		■		
满都护	2	●	■		
红庙子	5		■	▲	

外来植物群落分布　　　　　　　　　　　　　　表 3-9

监测区	全部群落种类数	三裂叶豚草	苘麻	加拿大蓬
福德店	6			
三河下拉	3			
通江口	5	●		▲
石佛寺水库	6	●		
马虎山	2			
巨流河	5		■	
毓宝台	5		■	
满都护	6		■	
红庙子	6		■	
群落种类总数	14			
全省各监测区监测到的连续分布区		通江口－石佛寺	巨流河－台安达牛	通江口－新调线公路桥

（2）外来物种防治措施

①加强外来入侵物种的监测与控制

重点监测和控制三裂叶豚草。对已形成群落的地区，在豚草开花之前进行铲除，以便有效控制其繁殖。

②加强宣传，避免增加新种入侵

加强宣传，提高居民生态多样性保护意识，在保护土著种的同时，做到不随意放生或遗弃宠物，不随意养殖外来植物，减少新种入侵的可能性。

3.8 支流污染源治理规划

3.8.1 总体思路与目标

1. 总体思路

沈阳市辽河流域污染源主要是农村生活污染、农业污染和畜禽养殖污染，新民、沈北有少数企业污染源需要达标治理。针对流域污染源情况，对流域内存在的尚未治理好的污染源进行污染治理。污染源控制措施采取"211"策略：

2条主线：污染集中处理、污染源综合整治。

1个亮点：重点污染源治理。

1个手段：提高监控水平。

2. 总体目标

2020年，沈北新区城市污水处理率达到95%以上；中水回用率达到30%。工业固体废弃物处置利用率达到100%；工业危险废物和放射性废物安全处理处置率达到100%，医疗废物处理率达到100%。

2020年，县（市）城镇生活污水处理率90%以上，生活垃圾处理处置率100%；乡镇生活污水处理率85%以上，生活垃圾处理处置率90%。

3.8.2 污染集中控制对策

1. 污水处理厂集中控制

完善五县区污水处理设施，加强污水处理设施的运行管理。乡镇、工业园区建设集中污水处理厂，实现一区一污，一镇一乡一污，污水就地处理、就地回用、达标排放，改善近区水环境，从而改善辽河生态环境。

2. 固体废物集中处理

妥善处理新民市、康平县、辽中县、法库县的生活垃圾问题。建设生活垃圾卫生填埋场。农村建设生活垃圾收集点，集中运送至垃圾填埋场。

3.8.3 重点污染源控制对策

对沈北、辽中尚未达到污染治理要求的企业实行限期治理，进行源内污水深度处理，提高污水回用率。

农业污染治理以发展现代农业、绿色食品基地为引导，实施农药、化肥减量化、提高利用率措施，从而控制农药、化肥入河量，减少农业对河流的污染。

对集中式畜禽养殖场推广实施"四位一体"的生态模式，将畜禽污染物资源化利用，在减少污染的同时降低能源消耗。

3.8.4　监督管理控制措施

自动在线监控——建设水环境监测与监控体系，对占排污负荷 65% 以上的重点污染源安装在线排水监测监控系统

监督管理现代化——拓展环境监测领域，建立动态快速环境安全监测系统，建设城市环境信息处理系统和污染应急系统，提高和完善环境监测能力。

3.8.5　总量控制监督管理对策

管理方式——建立环境综合整治责任体系，加强污染防治工作的组织领导。完善法规和标准，加强环境管理能力建设。强化政策导向，通过产业政策和治理行动积极调整产业结构。加强污染源环境审批工作，保障工业密集区协调、可持续地发展。结合落实科学发展观和绿色 GDP 政绩考核，将郊区、县（市）环境质量状况列入领导政绩考核中。

管理手段——提高管理手段，启动自动监测系统，开展排污申报。利用先进的 3S(GIS/GPS/RS) 和计算机技术建立并完善污染源排放清单，改变现有落后的监督管理体制。

第4章
生态产业体系规划

4.1 多功能生态农业体系规划

4.1.1 总体思路

辽河干流保护区内农田，2013～2015年实施种植结构调整，2015年收回全部土地所有权，退耕还林还草，消除农田污染，增加天然植被和林地面积。

辽河流域范围内农业种植，以发展绿色农业、减少农业对辽河的污染为目标，提出生态产业体系规划建议。

4.1.2 土壤类型

沈阳土壤分为棕壤、草甸土、水稻土、风沙土、盐土、碱土、沼泽土7类，其分布情况见表4-1。

沈阳市辽河流域土壤类型及分布 表4-1

序号	土壤类型	主要分布区域
1	棕壤	新民市、康平县、法库县、沈北新区
2	草甸土	辽中县、新民市
3	水稻土	辽河沿河平原
4	风沙土	康平县、法库县的西部
5	盐土	辽中县辽河沿岸
6	碱土	新民市西部地区、康平县
7	沼泽土	辽河两岸低洼处

4.1.3 辽河干流保护区种植结构调整规划

辽河干流沈阳段保护区1050米封育线至防洪堤区间的滩地，面积约300平方公里，除靠近防洪堤侧约50米宽护堤林、少量荒地、节点外，其余约240平方公里是农作物种植区，种植种类以玉米为主，有少量万寿菊和水稻。

该种植区种植结构调整规划是：

2013～2015 年，在现有种植种类基础上，部分调整利于水土保持、污染少的经济作物，增种果木、水稻、万寿菊等，减少玉米种植面积。

康平、法库地区增种寒富苹果等果木，以及万寿菊、苜蓿草等经济作物。

沈北地区、新民地区增种水稻、果木、薰衣草。

辽中地区增种北方粳稻、果木、油菜花。辽中县属辽河冲积平原，地势平坦，土壤肥沃，自然条件优越，是全国优势农产品主产区，其中水稻属于农业部《水稻区域布局规划（2008～2015）》中的东北平原优势区－北方粳稻种植区。

至 2015 年，保护区内耕地全部收回，代以乡土树种、经济林、草和自然植被，消除农田污染。

4.1.4 辽河流域农业生态建设规划建议

1. 沈阳市农业发展区划

根据国务院《关于印发全国主体功能区规划的通知》国发〔2010〕46 号，沈阳市位于全国优化开发区域的环渤海地区和限制开发区域（农产品主产区）的东北平原主产区两个功能区域。

优化开发区域，即优化进行工业化城镇化开发的城市化地区。

限制开发区域（农产品主产区），即限制进行大规模高强度工业化城镇化开发的农产品主产区。

沈北新区属于两个功能区域，康平、法库、新民和辽中属于限制开发区（农产品主产区）。其中，康平、法库和新民北邻科尔沁草原生态功能区。

《沈阳市生态市建设规划》规划构成的生态农业格局（图 4-1），与 2010 年国务院下发的《全国主体功能区规划》、《辽河流域生态功能区划》规划的功能区相一致。

《沈阳市生态市建设规划》将沈阳市划分为 5 个生态农业建设区。各区所包括的行政区域与重点发展内容见图 4-1 和表 4-2。

沈阳市生态农业建设布局及重点建设内容 表4-2

区域名称	区域范围	建设方向	重点建设内容
I 西北部生态功能保护区	康平县北部及西部、法库县西部、新民市西北部，包括9个乡、6个镇	以退化土地的生态修复为主，重点发展林业和牧草业，种植业以发展小杂粮为主，扶植林产品加工业建设	种苗繁育基地建设，防沙治沙及三北造林，退耕还林，经济林建设，林业产业建设，木制品加工，牧草及小杂粮标准化种植，舍饲养殖示范

续表

区域名称	区域范围	建设方向	重点建设内容
II北部农牧复合生态建设区	康平县和法库县的大部分地区，包括13个乡、9个镇	以发展节水农业为主，加强耕地保护和土壤培肥，因地制宜发展种植业和牧业，合理利用草场资源，建立大型生态养殖产业链	生态修复，生态畜牧养殖业建设，能源生态建设，节水农业示范，牛羊舍饲示范，畜禽屠宰加工，秸秆还田及保护性耕作示范
III东部低山丘陵特色农业区	沈北新区，东陵区东部、北部及南部，苏家屯，包括13个乡、11个镇	以发展高效生态农业为主，建设水果、食用菌、中草药、小杂粮等具有一定规模和特色的有机食品和绿色食品生产基地，以及生态旅游和休闲观光农业基地	有机食品基地建设，绿色食品基地建设；水果、食用菌、中草药和经济动物良种引进与生态养殖示范；生态旅游基地建设
IV近郊都市农业建设区	与市区三环相接的沈北新区、东陵、苏家屯及于洪区，包括12个乡、10个镇、1个农业高新区	发展高效、高科技含量、规模化、信息化、庄园式、外向型的生态农业。形成以沈阳建成区为中心的高效农业产业圈、观赏农业圈、设施农业和现代农业展示圈	引进和扶持大型肉类、乳制品、粮食和水果深加工，以及复合肥料、生物肥料、生物农药和饲料等生产民营企业；花卉基地建设；农业生态旅游基地建设；物流配送工程；农民经纪人培训中心建设；生态农业研发中心
V中南部平原农业发展区	新民市、辽中县，包括21个乡、21个镇	以发展水稻、玉米和蔬菜为主，并兼顾淡水养殖业和畜禽养殖业。建设大型粮食深加工基地和东北绿色大米流通集散地	种植业标准化工程，沃土工程，节水灌溉工程，旱作农业示范工程，有机食品和绿色食品基地建设，粮食深加工工程，粮食物流工程

沈阳市农业生态区划与辽河生态功能区划关系 表4-3

区域名称	区域范围	与辽河生态功能区划关系
I西北部生态功能保护区	康平县北部及西部、法库县西部、新民市西北部，包括9个乡、6个镇	IV 1-2科尔沁沙地南缘防风固沙生态功能区
II北部农牧复合生态建设区	康平县和法库县的大部分地区，包括13个乡、9个镇	IV 1-2科尔沁沙地南缘防风固沙生态功能区 II 1-2柳绕地区水土保持生态功能区
III东部低山丘陵特色农业区	沈北新区，东陵区东部、北部及南部，苏家屯区，包括13个乡、11个镇	
IV近郊都市农业建设区	与市区三环相接的沈北新区、东陵、苏家屯及于洪，包括12个乡、10个镇、1个农业高新区	II 2-1中部城市发展生态功能区
V中南部平原农业发展区	新民市、辽中县，包括21个乡、21个镇	II 1-2柳绕地区水土保持生态功能区 II 1-3辽河平原中部洪水调蓄生态功能区

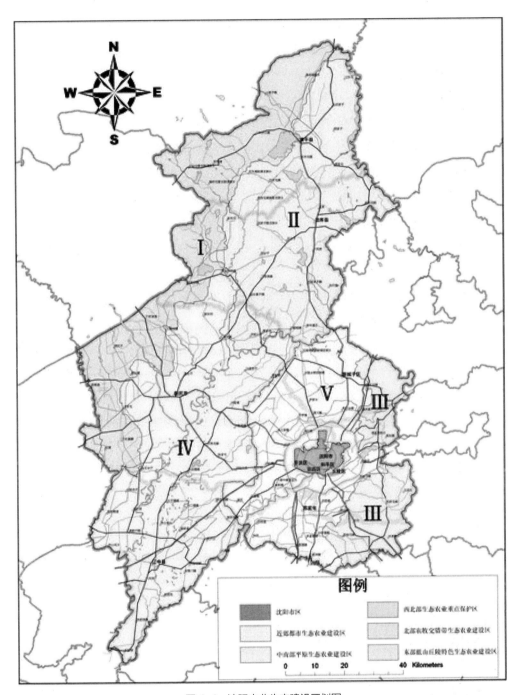

图 4-1 沈阳农业生态建设区划图

2. 辽河流域农业生态建设规划建议

（1）基本思路

以发展生态农业、统筹城乡发展为主线，以控制农业对辽河产生的污染为目标，以农业产业化为基础，以城镇化为支撑，确保农业农村综合实力、结构调整、民生水平和生态建设实现新突破，农业农村经济发展实现新跨越。

（2）规划目标

调整产业结构，拓展农业功能，发展多功能生态农业。

2015年，建成全国知名的新民绿色果蔬产业大县、辽中特色蔬果花卉出口大县、法库名特优果品生产基地、绿色有机食品基地，以有机蔬果特色农产品加工产业、康平绿色生态寒富苹果、节水农业为特点；建设沈北新区花卉特色产业与都市农业、旅游观光与休闲度假农业相结合的现代生态农业示范区。设施、高效特色农业面积占总耕地面积比重达50%以上，切实转变发展方式，形成具有沈阳特色的现代生态农业框架。

（3）沈北－法库－康平沿河生态农业示范区建设规划

2011年年初，国务院发出了"加快转变东北农业发展方式，建设现代农业"战略号角，中共沈阳市委、市人民政府提出了"以农民增收为统领，以一乡一业为抓手，大力推进现代农业"的总体部署。沈北－法库－康平沿河现代农业示范区，即是沈阳市根据国务院关于发展现代农业，建设生态农业的具体部署。

该计划在沈北－法库－康平沿河带建设国内一流、东北领先的现代农业示范带。示范带横贯沈阳市北部两县一区，即康平县、法库县和沈北新区。依托沈康高速公路，沿公路两侧约80公里实施农田基本建设，发展现代农业。初步规划为3个区域，即核心区、辐射区和带动区。建设内容包括生态农业、节水农业、农田林网、农田路网、电力配套设施、观光交通设施等。规划期限为三年，从2012年到2014年。最终示范带区域实现现代农业的优质、高产、高效、生态的目标。

首批实施13个农田基本建设项目治理面积达45.2万亩，涉及三个区县的13个乡（镇）街道79个村。包括沈北新区黄家绿色稻米示范区、法库县高产玉米示范区、康平县北四家子乡万亩生态节水农业示范区等。

沈北新区建设项目由沈北观光农业示范园、沈北黄家绿色稻米农田项目和七星旅游大道项目组成。

康平县南起康法交界郝官屯镇新安堡村，北至北四家子乡三合堡村，沿线20.2公里，涉及郝官屯镇、两家子乡、北四家子乡、康平镇4个乡镇。项目区根据地理位置、土壤情况、适宜种植品种，自南向北共规划为5个项目，即"四区一园"，郝官屯镇万亩绿色生态寒富苹果示范区、郝官屯镇万亩高效基本农田示范区、卧龙湖万亩生态农业观光示范园、两家子乡万亩日光温室设施农业示范区、北四家子乡万亩生态农业节水示范区，项目总规划面积 6 万亩。

法库县建设项目包括：优质高产示范工程、生态防护林基地、名特优果品生产基地、绿色有机食品基地、有机蔬果特色农产品加工产业、十大特色产业村。

康平段农田防护林体系规划造林面积 5905.2 亩。沈康高速公路两侧建设 18 米宽的绿化带 1078.2 亩；林网 1415.4 亩；其他防护林 3411.6 亩。

（4）新民 – 辽中生态农业建设规划

新民市以绿色果蔬产业为龙头，发展绿色农产品。

辽中县以特色蔬果花卉为引导，以北方粳稻为示范，发展生态农业。

4.2 低碳文明工业体系规划

4.2.1 规划目标

近期：重点污染企业通过清洁生产审核，30% 以上的规模企业通过 ISO14000 环境管理体系认证；工业经济增长方式明显好转，资源能源利用效率明显提高，污染物排放减少，降低万元 GDP 水耗、能耗；初步建立工业废旧产品市场化回收体系，工业用水重复率达到 70% 以上，中水回用率达到 60% 以上，固体废物综合利用率达到 80%。

远期：40% 以上的规模企业通过 ISO14000 环境管理体系认证；基本形成循环经济型发展模式和构架；万元工业产值水耗、能耗进一步下降。

4.2.2 传统工业的生态化改造

1. 大力发展高新技术企业，淘汰"三高"工艺和设备

（1）促进县区工业的快速发展

着力建设"区（县）特色产业"。沈北新区重点发展化工、农产品深加工；新民市重点发展林浆纸、粗铜；辽中县重点发展不锈钢、铸锻造、铜材加工；法库县重点发展陶瓷、林木深加工；康平县重点发展煤 – 电、塑编产业。

（2）大力力发展高新技术企业

抓住当前全球产业结构调整和新一轮国际产业转移的机遇，立足现有产业基础，充分发挥科技优势，大力扶持和培育发展高新技术产业，最大限度地分享国际产业转移的成果；

（3）淘汰生产工艺落后、浪费资源能源的"三高"工艺和设备

严格执行国家经贸委等发布的《第一批严重污染环境（大气）的淘汰工艺与设

备名录》、《淘汰落后生产能力、工艺和产品目录》（第一批、第二批、第三批）以及《工商投资领域制止重复建设目录（第一批)》、《关于从严控制铁合金生产能力切实制止低水平重复建设意见的通知》，淘汰落后生产能力、工艺和产品，防止低水平重复建设。

用已有先进、成熟工艺和技术替代落后的技术，加快促进经济结构的调整和优化。

2. 优化工业布局

（1）优化工业总体布局

结合沈阳市工业布局，优化辽河流域工业布局，形成与沈阳中心城市相匹配、与区域经济空间环境条件相吻合、县区特色工业相配套的工业布局。

辽中县、新民市按照由铁西新区辐射西部工业走廊的规划布局，重点发展装备制造、化学工业区、钢铁及有色金属加工、汽车零部件等重化工业。

沈北新区区、法库县、康平县重点发展农产品深加工、新型建材深加工等产业。

（2）污染源向园区集中

坚持集中治理和环境容量优化原则，建设工业园区，在园区内建设集中治污设施。全面完成重点污染源搬迁和行业污染治理工作。

3. 强制推进清洁生产，创建环境友好企业

（1）强力推进清洁生产

按照《清洁生产促进法》规定，污染物排放超过国家和地方规定的排放标准，或者超过经有关地方人民政府核定的污染物排放总量控制标准的企业，应当实施清洁生产审核。

根据具体情况，列入沈阳市重点污染源名录的工业企业都应开展清洁生产审计。

（2）创建环境友好企业

创建环境友好企业是实施工业可持续发展的重要措施。通过创建环境友好企业树立一批经济效益突出、资源利用合理、环境清洁优美、环境与经济协调发展的企业典范，促进企业开展清洁生产，深化工业污染防治，提高城市环境质量，保障人民群众健康，有力推动全市工业的可持续发展。

4.2.3 构建特色工业生态链

围绕农产品深加工等支柱产业和其他主要新兴产业，构建产业生态链；可以突破不同的工业园区、地理位置限制以及行政区域限制，通过网络平台，按照循环经

济的思想，组成虚拟的企业和生态工业园区；可以突破第一、二、三产业的界线，在第一、二、三产业之间构建产业生态链；鼓励企业之间自发地或在政府引导下依靠资源和废物流动关系建立起稳定的经济关系，由此促进资源和废物流动关系的长期化。

4.3 高效环保服务业体系规划

4.3.1 绿色餐饮娱乐业

1. 目标

运用环保、健康、安全理念，倡导绿色消费，保护生态和合理使用资源，为顾客提供舒适、安全、有利于人体健康要求的绿色客房和绿色餐饮，并且在生产经营过程中加强对环境的保护和资源的合理利用。

所有饭店要符合国家环保、卫生、安全等法律法规，并已开始实施一些改善环境的措施，在关键的环境原则方面做出时间上的承诺，在减少企业运营对环境影响方面做出努力，并取得初步成效。50% 的三星级以上宾馆饭店成为绿色饭店。饭店通过不断实践在保护生态和合理使用资源方面取得卓有成效的进步，60% 的星级以上宾馆饭店成为绿色饭店，在本地区饭店行业处于领先地位。

2. 原则

（1）生产清洁化

合理利用常规能源，采用节能技术，提高能源效率，尽量使用可再生能源，考虑利用自然能；饭店使用的物品与食品的生产尽量少用或不用有污染、有毒的原材料与中间产品；在产品制造和使用时，以不危害人体健康和生态环境为主要考虑因素。

（2）服务生态化

包括服务产品和服务过程的生态化。客房服务的生态化要求其从设计开始到建成全过程必须符合生态要求，房间的建筑装饰材料和家具应采用无污染的"绿色材料"。服务过程生态化就是介绍菜肴时应考虑客人的利益，向游客推荐绿色食品。

（3）厉行节约资源

要用减量、再使用、再循环、替代等原则指导资源的节约。减量原则是指饭店用较少的原料和能源投入实现既定的经济效益和环境效益目标。再使用原则要求饭店在确保设施和服务不降低标准的前提下，物品尽可能地反复使用。再循环原则就是在物品完成其使用功能之后，将其回收，把它重新变成可以利用的资源。

3. 主要措施

（1）加强旅游餐饮的行业管理

必须制定严格的卫生标准，规范餐饮服务，逐步改善就餐环境。要关注传统饮食老字号餐馆，形成老字号系列，大力发展地方小吃。进一步开发反映沈阳地方特色的旅游纪念食品。旅游景区（点）应加强地方食品的开发，发展各种档次的餐饮设施。

（2）稳步发展餐饮饭店业，完善服务软硬件设施

对旅游饭店要按绿色饭店要求推进标准化进程。不断扩大星级标准覆盖面，增加星级饭店在旅游饭店中的比重。强化软件建设，确保供给水平和服务水平的国家标准。要鼓励旅游饭店为适应市场需求进行硬件项目的更新改造，以适应不断发展的国内旅游需求。

（3）合理规划餐饮娱乐产业的布局，减少对居民区的干扰

鼓励发展连锁经营业，通过提高企业经营的规模效益，增强企业产业生态化的发展能力；对餐馆娱乐业进行全面排污申报，大力推进清洁生产审核和认证；星级以上宾馆饭店全部通过认证。

（4）实施环境管理

提高对资源再利用、节水、节能、减少污染物排放、保护环境等方面的认识，形成兴建绿色饭店的良好氛围，推进绿色饭店的创建。星级以上和旅游区两星级以上的宾馆要开展"创绿"活动。

（5）倡导饭店业有效节能

以节能为重要突破口，饭店要大力推进资源节约、环境保护，各相关部门要分别确定能耗定额；加大节能设备的更新改造力度，积极推进变频、光控技术的使用；严格执行夏季空调室内温度最低标准；积极使用节能灯具。

（6）多层次采取措施减少废弃物量

避免使用包装过多的物品；使用香波、咖啡、糖的分发器，不要使用一次性包装；安装节水设施；通过控制分量、自助、食物贮存、提前订餐等方式减少食物浪费。逐步减少客房内的一次性用品的使用；取消餐厅一次性木筷子；加强物品的循环使用。

（7）倡导绿色消费

减少用水用电量，减少白色污染；重复使用产品，减少垃圾的产生量。禁止使用白色泡沫饭盒和难降解塑料垃圾袋；限量使用一次性卫生筷和一次性湿毛巾；宾馆、饭店实行污染物集中回用和再资源化，回收利用有机废弃物，实现泔水的综合利用。

4.3.2　高效物流业

1. 目标

构建物流体系框架：建成高时效性的区域运输服务体系和提供快速、准时、多样化服务的市域配送服务体系。吸引国内外流通资本和连锁企业进入园区开展相关的物流配送业务。逐步培育社会化专业物流系统，积极组建物流开发公司，发展一批专业化、规模化的第三方物流配送企业，形成有效的社会服务网络。

2. 主要措施

（1）构建完善的生态物流系统

配套完善商业设施，改善购物环境，把开发旅游业、建设生态休闲中心作为沈阳区域经济新的增长点和新兴的支柱产业，以人流带动物流，以生态休闲旅游带动经济繁荣，将有力促进现代物流发展。

倡导"绿色消费"，使之与"清洁生产、绿色流通"一起构成完整的生态物流系统。商品流通中要尽量使用环境友好包装，逐步替代传统的难降解、难回收、污染大的产品。

（2）整合物流资源，促进物流资源共享

依托沈阳东北地区的铁路与公路枢纽，要积极与航空、海洋运输公司联合，与大连、丹东、锦州等港口城市实现联运，实现优势互补，以适应物流产业的发展潮流。构建东北完整的物流网络，区域内各物流公司将各类资源整合为一体，实现互补、共享，形成规模化经营优势，降低物流运作成本，不断提高物流资源的利用效率。

（3）加强物流基础设施建设

加强政府引导，加强区域协作及物流基础设施建设，提高配送效率。加快城市商贸流通市场和仓储中心建设，尽快形成配套的综合运输网络、完善的仓储配送设施、先进的信息网络平台等，提高商贸流通现代化程度，为现代物流发展提供重要的物质基础条件。以市场为导向，以企业为主体，以信息技术为支持，打破地区和行业界限，力争在 3 ～ 5 年内形成一批大型骨干物流企业和物流基地，建立起快捷、准时、经济合理的现代物流服务体系。

（4）加强生态物流标准建设

要培育壮大一批生态物流企业，并推行 ISO14001 环境管理体系认证，提高企业管理水平，控制物流活动中的污染源；推进综合生态物流园区的建设；推进物流经营和物流运作的绿色化，实施绿色运输策略、先进仓储技术、保质保鲜技术、绿色包装等，控制物流过程中产生的污染。

（5）加快物流信息系统和标准化的建设

物流设施、物流管理和信息是现代物流的支柱，而沈阳至今未形成统一的物流信息系统。电信业高速发展，给物流信息系统的建设打下了良好基础，要将建设物流信息系统和制定物流技术标准放在优先的地位。现代信息技术和管理手段可以有效地对跨越若干部门的物流大系统进行控制，在这个前提下突破传统的"部门管理"方法，构建全新的物流管理体制，形成新的管理形态和管理组织。

（6）合理规划区域物流体系

物流业是全社会的服务行业，覆盖了国民经济的所有产业。区域规划是解决区域协调发展的有效途径，市场化改革是建立区域协调机制的根本措施。区域的物流规划应制定以区域物流基础平台为重点的包括铁路和公路在内的综合干线网络，特别是大区域节点的位置与规模的规划，同时还要有相应的信息平台的规划建设。物流规划应着重于解决地区的物流规模布局和发展顺序，提供融资、土地、管理等方面的支持。

（7）加强宏观软环境的建设

通过举办讲座、专业培训、学习考察、新闻媒体等多种形式，强化对现代物流的宣传，提高对物流的认识，促使企业管理者和政府部门认清现代物流与传统物流的区别，使现代物流观念深入人心。

4.3.3 高端信息服务业

1. 目标与任务

沈阳市信息服务业的发展要与老工业基地振兴密切结合，以打造东北区域信息中心，形成全国第四个"信息化制高点"为总体目标，以整合资源、协调发展、普及应用、带动产业为主要内容，在为传统产业改造和提升提供信息技术服务中加速发展。

辽河流域信息服务业，要依托沈阳市的优势资源，加快信息业发展。

（1）以信息技术产业带动传统工业发展

加大现代信息服务业发展的力度，通过信息技术带动工业发展，从而促进产业结构进一步转换和升级。建设中小型企业信息管理平台，融合先进的通信技术、软件开发技术和互联网技术，为全市的中小企业提供所需的全部办公自动化产品，满足企业运营的需要。建设和完善沈阳南北两个数据中心，将其作为东北区域性的信息交换中心、信息资源管理中心等，为企业提供各类信息网络服务。建设电子商务平台，推进电子商务发展。

（2）加大信息资源整合力度，提高信息技术服务水平

沈阳要立足区位优势，加强信息基础设施建设，实现辽宁中部城市群信息基础

设施一体化。大力发展信息服务业特别是网络服务业，使网络服务业广泛渗透到社会服务业的各个领域；进一步推广应用电子商务等先进网络技术经营，扩大信息服务业比重。构建信息网络，使之成为支撑社会经济活动的重要基础设施。形成方便广大市民的信息咨询服务体系和网络，为市民自主选择多样性的消费创造条件。

（3）提高信息技术的普及率，加快社会信息化建设

培育信息服务业新的增长点，拓宽信息服务业的范畴，广开思路，挖掘信息服务业的市场空间。发展网络信息服务业，鼓励网络内容服务商，多提供专业性、个性化的节目，向社会提供种类丰富的信息产品和网络服务。建设全市统一的市民信息服务平台，推动企业和社会力量投资建设"数字沈阳"公众信息服务系统。

2. 主要措施

加大多媒体、数字音像、数字无线通信、光存储等现代信息技术在传统信息服务业的应用力度，进一步提高信息技术服务水平。引导信息服务业向集约化方向发展，树立共享观念。培育信息服务业新的增长点，拓宽信息服务业的范畴，广开思路，挖掘沈阳信息服务业的市场空间。发展网络信息服务业，鼓励网络内容服务商，多提供专业性、个性化的节目，向社会提供种类丰富的信息产品和网络服务。建立健全信息服务体系，加快发展咨询、法律服务、科技服务等中介服务业，拓展业务范围。

第5章
生态资源可持续利用体系规划

5.1 水资源可持续利用规划

积极开发利用地表水资源，提高水库供水能力，加强对城市雨水资源的收集利用；严格限制开采地下水资源，提高污水处理及回用能力；建立分配合理的水资源配置体系和结构合理的用水体系。

辽河流域水资源总量约 214 亿立方米，目前实际供水量 151.78 亿立方米，水资源开发利用率已达 71%，大大超过了水资源开发利用 40% 的国际公认极限。高强度水资源开发利用导致该地区水资源供需严重失衡，辽河流域河川径流衰减十分严重，辽河中下游每年缺水约为 30 亿立方米，辽河流域的东北工业重镇沈阳、鞍山、铁岭、盘锦等大中城市，无一例外地进入了全国 100 座严重缺水城市的行列。严重地影响了辽宁省国民经济的发展，并导致了辽河严重的生态环境问题。

随着东北老工业基地改造振兴战略的实施、经济发展显著加快，人口压力进一步加大，生活质量的提高、生态环境的改善，对水的需求越来越大，对供水安全、防洪安全、生态环境安全的要求越来越高，这就要求我们以科学发展观为指导，把国民经济发展同水资源可持续发展紧密结合起来，对辽河水资源进行科学的开发、利用、治理、配置、节约和保护，做到人与自然的和谐发展。

5.1.1 加强水资源统一管理

国内外水资源保护实践证明，以行政区域为主体、以各部门职能交叉为经络的"多龙管水"体制，无法扼制流域水资源迅速恶化的势头。因为全流域没有统一规划和统一管理，就必然在流域水资源管理上形成条块分割、各自为政的局面。黄河流域就是实施统一管理的典型实例，1972～1997 年年底，26 年累积断流天数 908 天，断流年份平均断流时间 45.4 天。1997 年，黄河下游累计断流时间长达 226 天，断流长度 700 公里。加强统一管理后，断流情况得到了根本性改善。

近年来辽宁省及以下各级行政区域相继成立了辽河管理局，为辽河流域的水资源统一管理奠定了基础。

充分研究流域内各种用水之间的关系，统一制定流域内各行政区的分水方案，对流域内的水利工程实施统一调度，加强流域层次的宏观调控、协调与协商，精心调度水量，充分挖掘调度河段内水库水源调节能力，对沿河各地区、各用水行业实行"用水定额"制，编制《用水定额》，优化水资源配置，并加大督察力度，严格控制各地引水量。以最低生态用水量确定辽河水资源开发用水量，确保辽河生态系统的恢复与繁育。

5.1.2 开发利用城镇雨水资源

由于时间分布不均，降水集中，加之城镇硬覆盖较多，使宝贵的水资源直接径流排走，同时也给城镇市防洪排涝带来了巨大压力。因此，实施雨（雪）水利用是一种节水减灾的有效途径，能产生较大的环境、生态和经济效益。

在城镇雨（雪）水资源化方面，推进实施收集蓄贮和利用系统节水技术对策与措施。

（1）大力推进和实施以城镇区域为控制单元的雨（雪）水收集利用技术措施，利用城镇内河湖的收集蓄贮功能，建立城市雨（雪）水生态环境水系直接利用系统，解决城镇内河湖生态环境补水需要量。

（2）适当推进和实施以大型绿地和道路结合为控制单元的雨、水收集利用技术措施，利用城镇绿地草收集坪滞蓄功能，建立雨水蓄贮利用系统，满足城市绿地草坪浇灌水量要求。

（3）适当推进和实施以路网、建筑和居住小区组合体为控制单元的雨水收集利用技术措施，建立雨水收集蓄贮与利用系统，收集的雨水用于城镇用水。

5.1.3 提高污水回用率

辽河流域五区县均建有城镇污水处理厂，污水设计处理率达 92%，污水实际处理率为 56%。工业企业大部建有污水处理设施。

将处理后的城市污水和工业污水作为水源，经进一步深度处理，实现污水资源化利用已经具备了较好的基本条件。

在污水资源化方面，科学合理地实施污水再生利用系统节水技术的对策与措施。

1. 大力推进和实施城市污水厂出水深度处理再生水利用技术措施，建立城市再生水供给与利用管网系统，实现污水处理厂给水化。

2. 适当地推进和实施城市居住小区污水深度处理再生水技术措施，建设城市小区再生水供给与利用管网系统，实现居住小区污水再生水就地就近利用。

3. 适当地推进和实施公共建筑污水深度处理再生水技术措施，再生水主要作为空调、锅炉补水和绿化等生活杂用水。

5.1.4 节约用水

1. 节水目标

到 2015 年（中期），各项节水指标要明显提高，总体节水水平达到国内先进水平。

到 2020 年（远期），在中期的节水基础上各项节水指标要进一步提高，总体节水水平达到国际先进水平，把沈阳市辽河流域建成节水型社会。

通过有效控制和科学合理用水，以及非常规水源开发和各项节流等节水措施，解决供水与需求的缺口水量的 50% 左右，实现以有限的水资源最大限度地保障沈阳市城市社会经济快速发展和人民生活水平日益提高对水的需求。

根据辽宁省和沈阳市社会经济发展、生态环境保护、城市基础设施建设"十二五"规划，以及国家《节水型社会建设"十二五"规划》提出的相关目标，参照国家和辽宁省《节水型城市考核标准》中的技术考核指标，结合沈阳市城市用水和节水现状水平和未来发展的要求，通过节水潜力分析和测算，制定节水 2020 年主要规划目标，见表 5-1。

市区主要节水指标与规划目标　　　　　　　　　　表 5-1

序号	节水指标	节水型城市目标	2010 年水平	2020 年目标
1	万元 GDP 取水量（立方米／万元）	年降低率≥5%	17 年降低率 12%	6 年降低率 10%
2	万元工业增加值取水量（立方米／万元）	年降低率≥5%	14 年降低率 12%	5 年降低率 10%
3	工业用水重复利用率（%）	≥75	81	90
4	节水型企业（单位）覆盖率（%）	≥15	20	50
5	城市居民生活用水量（升／人·天）	80～135	115	130
6	节水器具普及率（%）	100	100	100
7	城市再生水利用率（%）	20	30	50
8	城市污水处理率（%）	80	90	100
9	工业废水排放达标率（%）	100	100	100
10	雨（雪）水收集利用替代率（%）	≥5%	5	10
11	年直接节水总量（万立方米／年）		8000	18250

2. 工业节水对策与措施

在工业企业中紧紧围绕"两个源头三个重点节水系统"五个方面，采用有效的对策与措施，重点推进和大力推广节水技术。

（1）加快推进调整产业结构，大力发展低耗水产业，严格限制和禁止新上高耗水项目。

（2）加快推进生产工艺改造，大力发展和推广节水工艺，限时淘汰高耗水生产工艺。

（3）大力发展和推广工业用水重复利用技术，将提高水的重复利用率作为工业企业节水减排的首要途径。

（4）大力发展和推广高效冷却水循环利用技术，将提高冷却水循环利用率作为工业企业节水减排的首要措施。

（5）大力发展和推广高效热力和工艺系统用水节水技术，将降低热力和工艺系统用水量作为工业企业节水减排的重要措施。

3. 生活节水对策与措施

生活用水主要包括居民家庭生活用水和机关、学校、宾馆、饭店等公共服务业、大生活用水。在生活用水中紧紧围绕"节水型用水器具和大型用水设备节水系统"两个方面，采用有效的对策与措施大力推广节水技术。

（1）大力推广应用节水型用水器具，从生活用水源头上杜绝用水的浪费，提高生活用水有效率。

（2）对于公共建筑空调和锅炉等大型用水设备，大力推广应用循环用水系统节水技术，从公共建筑用水源头上减少新水补充量，提高生活用水重复利用率。

4. 市政环境节水对策与措施

市政环境用水主要包括道路浇洒、绿化、景观和河湖水系等用水。在城市市政环境用水中紧紧围绕"再生水、雨水利用和生物节水系统"，采用有效的对策与措施大力推广节水技术。

5. 农业节水对策与措施

包括转变水资源供需观念、合理规划农业种植结构、实现经济灌溉定额、建立水资源统一管理体制、提高农业用水效率、采用先进的输水节水技术及以肥调水技术、加强污染源防治力度等内容。

5.1.5 限制开采地下水

辽河流域实施水资源统一管理，包括地表水和地下水。严格控制辽河流域内地下水的开采，加强取水许可管理，严禁无证开采和超采，确保辽河水资源的有序和永续开发利用。

1. 工矿企业

对于工矿企业取用地下水，不再审批新增取水事项；现有取水单位数量不再增加；各取水单位的许可取水量不再增加，并通过节水改造逐年削减取水量。

2. 园林、小区绿化、供热企业自备水源井

园林、小区绿化用水，供热企业自备水源井由市建委和市公用事业与房产局对现有水源井的数量、位置、类型、取水量等进行核实登记，由市水利局统一办理取水许可证。办理取水许可证的取水单位，要自行安装符合要求的取水计量设施，依法缴纳水资源费。

3. 建筑工地用水

沉陷区和棚户区改造工地及自来水管网未到达区域的施工期使用地下水，在开工前，必须报水行政主管部门审批后，方可使用，并缴纳水资源费。工程竣工后，施工方应自行封井并拆除取水设施，同时需报水行政主管部门验收。非沉陷区和棚户区改造工地及自来水管网已到达区域的建筑工地，一律不允许取用地下水。

4. 桑拿浴、洗车业

桑拿浴、洗车业一律不允许取用地下水。

5. 大众浴池用水

主城区内的大众洗浴严禁使用地下水；周边区域的大众洗浴暂时维持现状，随着棚户区的改造和动迁逐步取缔。

6. 地温空调（地热泵）

使用地温空调仅限于宾馆、办公楼等，而且必须达到国家法律规定的退水全部回补原含水层的标准。取水人须委托具有相应资质的单位进行水资源论证，将论证报告与取水许可申请一并报市水利局审批，并缴纳水资源费。

7. 施工排水

根据国务院《取水许可和水资源费征收管理条例》第四条的规定，施工期需排水的工程建设单位在开工前，根据项目核准有关文件，须将排水工程的设计方案报水行政主管部门备案，并缴纳水资源费。施工排水结束之后，严禁将排水转为施工期用水。

8. 消防用水

消防用水按国务院《取水许可和水资源费征收管理条例》第四条的规定，不缴纳水资源费，报水行政主管部门备案，并安装取水计量设施，严禁改变取水用途。

9. 城区边缘和自来水管网未到达的范围内取用地下水

按取水许可审批权限严格管理，规范审批程序，依法缴纳水资源费。禁止乱开采地下水行为。

5.1.6 保障辽河生态用水

为了尽快恢复并维持辽河生态系统功能，保护生物多样性，应保障辽河干流生

态用水量。

重点实施天然林资源保护、退耕还林、水土保持等生态建设，恢复湿地基本功能，有效地涵养水源。加强自然保护区建设，控制水土流失，尽可能恢复辽河自然的水循环系统，尊重自然规律，转变用水思路，引入生态环境需水量的理念，科学合理地量化辽河维持较好生态环境所需的水量，并把生态用水放在重要的位置，让工农业为生态让水。除保证沿岸"生命用水"外，给辽河留足生态用水量，保障枯水期河道有一定的径流量，以维持河流生态系统的正常繁育。

5.2 土地资源可持续利用规划

5.2.1 指导思想

坚持节约资源和保护环境的基本国策，坚持最严格的耕地保护制度和节约集约用地制度，围绕全面建设小康社会、振兴东北老工业基地和建设国家中心城市的目标，优化土地利用结构，统筹各类各区域用地，为经济持续快速健康发展提供用地保障和服务，促进经济社会与环境的全面、协调、可持续发展。

5.2.2 规划目标

1. 土地利用结构和布局得到优化。农用地保持基本稳定，建设用地规模得到有效控制，未利用地得到合理开发。因地制宜调整各类用地布局，逐渐形成结构合理、功能互补的空间格局。

2. 对耕地和基本农田实施有效保护。优先考虑国家粮食安全要求，全面落实省级下达的耕地保有量和基本农田保护任务，实现耕地和基本农田数量、质量的双重保护。

3. 科学发展用地得到有效保障。新增建设用地规模得到有效控制，低效和闲置建设用地得到充分利用，建设用地空间不断拓展，老工业基地振兴和全面建设小康社会所需要的各类建设用地得到有效保障。

4. 土地节约集约利用水平得到有效提高。经济增长对土地的依赖程度大幅度降低。未利用地得到更加合理的利用，各业用地利用效率和效益明显提高。

5. 土地生态保护和建设取得显著成效。加大对生态环境用地的投入，对污染土地采取生物修复措施或进行综合利用。加快东部山区、柳绕地区和康平、法库北部地区生态退耕工程的实施，水土流失、土地盐碱化和土地沙化治理取得明显成效，湿地资源得到有效保护。

6. 土地整理复垦开发工作全面推进。大力开展农用地特别是基本农田整理工作，全面提高农用地质量。加强以近郊区为重点的农村居民点用地整理，充分挖掘城乡建设用地潜力。

7. 加强土地管理在宏观调控中的作用。土地管理参与宏观调控的法律、行政、经济、技术和社会手段不断完善，市场配置土地资源的基础作用不断加强，违规违法用地得到有效遏制，土地管理工作保障和促进老工业基地全面振兴的能力明显增强。

5.2.3　土地利用分区与调控

1. 土地利用分区

（1）城市核心区

沈北新区作为辽河流域城市核心功能区，包括现状城市建成区及规划期内城市建设用地拓展的重点区域。

（2）城镇重点拓展区

主要包括未来城镇发展重点拓展的新城以及带动一般镇和农村腹地发展的重点镇。该区域是实现沈阳市城市空间及功能优化、承接城市产业、人口转移、促进城镇化发展的重点区域。

（3）农业综合发展区

该区域主要分布在康平县、法库县的东南部以及辽河冲积平原地区。该区域自然环境优越，土地资源肥沃，基本农田分布密集，农业生产条件好，是沈阳市保障粮食安全和生态安全的重点区域。

（4）生态涵养发展区

该区域主要分布在康平县、法库县的西北部、柳绕冲积平原以及沈北新区海拔在200米以上的低山丘陵地区，另外还包括辽河河流河道。区域内土地资源相对贫瘠，土壤沙漠化及土壤侵蚀情况较为严重，是沈阳市生态环境治理的重点区域。

（5）旅游观光保护区

该区域包括卧龙湖、望海寺、五龙山、仙子湖、巴尔虎山、石人山地质遗迹等自然保护区的核心区；石佛寺水库地表水源的一级保护区。

2. 县（市）级土地利用调控

综合考虑各县区自然、经济状况、主体功能定位、经济社会发展目标、土地资源环境的承载能力等因素，制定各县区耕地保有量、基本农田保护面积、城乡建设用地规模、人均城镇工矿用地、新增建设占用耕地规模等土地利用约束性指标，以及园地面积、林地面积、牧草地面积、建设用地总规模等土地利用预期性指标，以强化县级土地利用调控。

5.3　生物质资源可持续利用规划

5.3.1　辽河保护区生物质资源利用

辽河保护区内生物质资源，包括林木、草类、水生生物等。这些资源的利用必须服从辽河保护区生态功能的需要。在河流生态系统功能完善、健康程度尚未达到目标的条件下，除部分经济植物和农作物外，其他资源一律禁止用作他途。在未来的远景期，根据需要可以加大利用率，有计划地加以利用。例如林木的间伐、水生生物的捕捞等。

5.3.2　辽河流域生物质资源利用

辽河保护区以外的生物质资源包括林木、草类、水生生物、农作物秸秆等。根据区域植被覆盖率要求、水生生物种类与数量、生物多样性保护的要求，严格按照科学计划加以利用。

对于农作物秸秆，则鼓励资源化利用。可用于沼气、秸秆还田、工业原料等。

5.4　多元化绿色能源体系规划

5.4.1　指导思想与目标

构建沈阳市多元化绿色能源体系，坚持"节约优先、多元发展、保护环境"的原则，优化产业和能源结构，推进建筑节能和集中供热；积极发展公共交通，降低交通能耗；推进风力发电、沼气、太阳能等清洁能源的应用，提高清洁能源比例和能源利用效率，使沈阳市能源结构日趋合理，可再生绿色能源比例逐步提高。

5.4.2　沈阳市能源结构分析

根据《沈阳市城市规划（2010～2030)》和《沈阳装备制造业产业发展规划纲要（2009～2020)》，沈阳希望通过未来20年的建设，把城市建设成为基础设施发达、服务功能完善、带动和辐射作用突出的沈阳经济区核心城市、国家中心城市和东北亚重要城市；技术先进、成套配套能力强、市场占有率高的具有国际竞争力的先进制造业基地；资源利用高效、生态环境良好、适宜人居的生态城市。

沈阳市是东北老工业基地，一方面，能源消耗大，全市平均每年消耗大约1200万吨标准煤；另一方面，沈阳市能源缺口较大，全市80%以上的能源依赖外购，严重制约了经济发展。根据沈阳市1990～2010年20年的能源消耗总量走势图，可以看出沈阳市能源消耗总量呈现出平稳、波动增长的趋势。

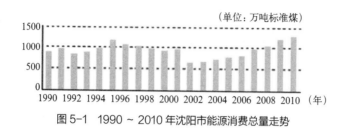

图 5-1　1990~2010 年沈阳市能源消费总量走势

沈阳市目前的能源消费主要由煤炭消费、石油消费、天然气消费和电力消费四部分构成。1990 年以来，这四类主要能源的消费特征如下：

1. 煤炭消费比例居高不下，并有缓慢上升的趋势。煤炭长期占据沈阳市能源消费的主体部分。20 世纪 90 年代，煤炭在一次能源消费结构中所占比例平均高达 50% 左右，从 1995 年开始，由于天然气、水电以及生物能源的大量开发利用，煤炭在能源消费中所占的比例开始大幅回落，平均水平降至 30% 左右。2004 年后沈阳市煤炭的消费量迅速增长，与其他种类能源相比，仍遥遥领先处于首位。

2. 原油消费起步低，且增长速度较慢。沈阳市原油消费量呈现出波动下降趋势，原油消费量从 1990 年的 116.82 万吨标准煤下降到 2010 年的 101.61 万吨标准煤。原油在能源消费中所占的比例也呈逐步下降趋势，由 1990 年的 12.6% 下降到 2010 年的不足 8%。

3. 天然气在能源消费结构中所占比例始终在低位徘徊，近几年比例上涨较大。天然气的消费量始终在低位徘徊，1990 年的消费量为 11.07 万吨标准煤，仅占沈阳市能源消费总量的 1.37%，在随后的十几年中，其在能源消费总量中的比例虽有所变动，但始终处于低位，直到"十一五"期间，这一比例增长幅度较大，到了 2010 年，天然气在沈阳市能源消费总量中所占比例为 2.54%，年平均增长率为 35.93%。

4. 电力消费呈逐步上升趋势

电力作为生产生活中最主要的二次能源，其消费量在 20 年间呈现出逐步上升的趋势。1990~1996 年，沈阳市电力消费比重呈缓慢上升趋势，这 6 年间电力消费比例平均年增长率为 5.08%。在随后的 6 年中，电力消费比例上升速度加快，1996~2002 年间电力消费比例平均年增长率 13.7%，此后一直维持在这个水平。

5. 清洁能源比例较低

目前，全国清洁能源占总能源消耗比重不足 10%。沈阳市在开发利用太阳能、风能、生物质能等清洁能源方面取得了一定的进步，但清洁能源比例仍然过低，尚有较大的发展空间。

5.4.3　多元化绿色能源体系规划

1.进一步加大风能资源开发利用力度

根据沈阳市风能分布特点，康平、法库两县处在医巫闾山和长白山所形成的东北西南向狭管中，地势多低山丘陵，在西南季风的作用下，由渤海湾的双台子河口0米海拔、盘锦市的3米海拔、辽中县的13米海拔至沈阳市的45米海拔，然后过辽河进入法库县地势明显抬升，直至法库县的慈恩寺境内的庙台山446.2米海拔。偏北季风通过松辽平原到达低山丘陵的康平、法库地区也是如此，这一点与新疆的达坂城风电场类似。在狭管作用和抬升作用的共同影响下，这两个县的风能资源具有明显的优势。此外，辽宁东南沿海部分区域最大年平均风速4.0米／秒，沈阳康平、法库两县年平均风速分别达到了4.0米／秒和3.9米／秒，可以说在全省也是风能资源丰富区。

因此，在康平、法库两县继续大力发展风力发电，特别是农村地区，用于照明、养殖、设施菜地等。

2.进一步加大太阳能资源开发利用力度

根据辽宁省54个气象台站36年太阳总辐射累年月平均值和年平均值，全省各地太阳总辐射年平均值为4195兆焦耳／平方米，其中最大值出现在大连，为5232兆焦耳／平方米；最小值出现在本溪的草河口，为4538兆焦耳／平方米。年总辐射量超过5000兆焦耳／平方米的有23个台站，超过4800兆焦耳／平方米的有46个台站，低于4800兆焦耳／平方米的有8个台站。沈阳市年总辐射量介于4802～4984兆焦耳／平方米，在辽宁省属于太阳能一般丰富区域，处于中下水平。尽管如此，太阳能仍然是沈阳市清洁能源的主要能源，通过城乡居民用太阳能设施、公共建筑太阳能设施的开发利用等，提高城乡太阳能利用量。

3.进一步加大生物质能开发利用力度

农村秸秆的利用率不高。20世纪农村秸秆基本做燃料，进入21世纪以来，随着农村能源结构的变化，秸秆成了污染源。每到秋季，就地焚烧秸秆的烟雾污染大气，影响航空，还浪费了大量的优质生物质能源；滞留在田里的秸秆，汛期则成为水体的污染源。

因此，充分利用农村秸秆，既可消除污染，又可获得大量优质能源。继续大力发展沼气设施，为农村提供生活、设施菜地保温、畜禽养殖、照明等多种用途。

4.农村推广"四位一体"等清洁能源生态模式

"四位一体"清洁能源生态模式，是以太阳能为能源，以沼气为纽带，通过生物转换技术，在同一块土地上，将太阳能采暖房住宅、节能日光温室、沼气池、畜禽舍、蔬菜生产等有机结合在一起，形成一个产气、积肥同步，种菜养殖并举，能源物质良性循环的能源生态系统。

2012～2015年，实施优惠政策，加强技术实用性研究与实践，在沈阳市农村大力推广"四位一体"生态模式，充分利用秸秆、粪便、太阳能，生产蔬菜农作物，降低常规能源消耗，减少农村污染。

2015～2020年，将该系统纳入沈阳市农村建设范畴，使其成为整个生态农业建设的基础，进而大力发展"生态联合体"，形成更大规模的良性循环生态经济，这样不但有利于宏观管理，提高技术的整体水平，而且能真正产生规模效益，促进农业产业化发展，开创沈阳市农村能源和生态农业建设的新局面。

第6章
生态人居体系规划

6.1 人口发展规划

2011年年末全市户籍人口722.7万。其中，市区人口519.1万，县（市）人口203.6万。沈北新区、康平县、法库县、新民市和辽中县人口235.6万。

根据《沈阳市城市总体规划（2011～2020)》，2020年市域常住人口1130万，城镇人口990万，城镇化水平达到87.5%左右。中心城区城市人口735万。

6.2 辽河干流沿线居民点布局规划

6.2.1 意义

辽河干流生态治理已经初见成效，本规划把这种生态治理的成果有效地转化为资源优势，以改善生态环境为主，深度挖掘地区人文历史内涵，优化发展空间，加强城乡统筹建设，推进省域城镇化进程，促进辽河干流沿线生态带、旅游带、城镇带"三带"的形成。

6.2.2 发展定位

辽河作为我省重要的生态景观廊道，把辽河沿岸打造成辽宁省城乡统筹发展的示范区、衔接沿线旅游资源的纽带、优化城市发展空间的引擎、塑造生态文明的载体。

6.2.3 规划思路

干流河道至两侧防洪堤外2公里之间为本次村屯整治规划的范围。其中防洪堤外2公里内为城镇建设控制区；防洪堤外500米内为村屯风貌整治提升区；防洪堤内为村屯撤并区。

6.2.4 沿线空间发展引导规划

结合辽河干流沿线各区县不同地域空间特征、综合考虑生态环境、交通条件、居民点发展趋势与需求，将县域空间划分为三个不同类型的引导区域。

1. 引导发展的区域

防洪堤外 5 公里为引导发展区域，该区域积极推进新型城市化进程，促进产业、人口和服务设施向重点小城镇集聚，使这些小城镇发展成辽河沿岸的产业集聚区、旅游接待服务区和文化展示区，带动辽河沿线经济全面可持续发展。同时根据不同发展条件分别确定为集聚发展、控制发展或撤并，引导该区域内的村庄科学布局、合理发展，将规模较大的村庄优先确定为集聚发展类型，对规模相对较小且在镇村体系布局不合理的居民点予以控制发展或撤并。

2. 限制发展的区域

防洪堤外 2 公里为限制发展区域，该区域内的村庄以限制发展为主，对规模小、发展条件差的村庄予以撤并。严格控制建设项目，有选择性地发展生态环保型项目，发展生态旅游业，促进地区的经济发展。尽量避免各种开发建设活动，必要的建设项目需采取一定的工程、生物等防护措施；按照土地和各种资源的承载能力，合理安排人口迁移，使人口和工业向条件较好的地区集中。

3. 禁止发展的区域

防洪堤内为禁止发展区域，本区域是最重要的生态要素和生态实体，一旦破坏很难恢复或造成重大损失。应予以严格避让和保护，禁止任何开发建设。对区域内的居民进行移民，严禁开荒种地等农业活动，保护濒危珍稀物种，保持物种多样性，保证河流的安全行洪。对既有其他建筑物和构筑物无条件地拆除。

6.2.5 居民点类型划分

居民点发展策略：以各县区城市总体规划为依据，以每个城镇的镇区为中心，遵循城镇空间和产业拓展方向以及村庄的发展方向，根据区位、交通、人口、产业和发展潜力以及生态限制因素等对居民点进行评价，将全县所有村庄划分为并入城镇、城镇周边、集聚发展、控制发展、撤并五种类型。其中，城镇周边和集聚发展类型为重点发展的居民点类型；并入城镇、控制发展、撤并为一般发展的居民点类型。

1. 并入城镇村庄

现状已经被纳入城镇规划区范围，或在城镇远期规划中纳入城镇建设用地范围的村庄。这类村庄的农村建设用地将置换或直接转变为城镇建设用地，农村人口将转变为城镇人口。该类村庄处于未来城镇化推进地区，应当按照城镇标准进行建设、改造，农村人口转化为城镇人口。

2. 城镇周边村庄

该类村庄是与城镇建成区距离较近，且现状村庄人口规模较大的村庄。确定的依据主要是现状村庄人口规模以及村庄与城镇建成区的距离，并考虑村庄的产业基础和自然环境等限制因素。在发展过程中容易接受城镇的辐射，积极壮大村级经济，可以借用城镇的公共服务设施和基础设施。城镇周边村庄的确定原则是距离县城在2～3公里，现状村庄人口规模大于1000人；镇区周边的村庄，距离镇区驻地1～2公里，人口规模大于1000人，可以作为中心村；距离镇区驻地1.5～2.5公里，现状村庄规模大于600～1000人的村庄，可以划定为基层村。

3. 集聚发展村庄

指现状规模较大，产业基础较好，与县城和镇区有着合理的空间距离，具有发展潜力和优势、服务半径适宜的村庄，原则要求人口规模大于1000人。通过村庄建设规划和人居环境治理规划的实施，逐步完善村庄生产生活的各种功能，引导和集聚周边自然屯的人口空间集聚，加强设施配套，完善生产生活服务功能，成为村域的中心，建成中心村。

4. 控制发展村庄

位于引导发展区和限制发展区域内的部分村庄，该类村庄在发展中控制人口和大规模的新建设，满足基本的生活要求配置设施。控制发展村庄确定的原则包括规划保留的基层村，现状人口规模通常在400～1000人之间，并且距离镇区或其他中心村大于1.5公里的村庄；拥有历史文化特色，具有保留价值的村庄；位于生态敏感区外围地区需要控制发展的村庄，根据该地区的环境容量，有控制地发展。

5. 撤并村庄

受到区位交通、自然生态、人口规模以及重大建设项目等因素影响，需要向城镇和中心村撤并的村庄。原村庄建设用地作为城镇建设用地或复垦。村庄撤并的原则包括人口规模在400人以下，区位交通条件差、与镇区或中心村距离过近，位于其他重大项目建设用地范围内的村庄，以及滩地内的村庄。

6.2.6 居民点布局规划

1. 康平县居民点布局规划

引导农村居民点就近向县城、建制镇镇区、行政村集中，规划撤并村庄42个，控制发展村庄8个，集聚发展村庄14个。

康平县居民点布局

表 6-1

乡镇	撤并村庄	控制发展村庄	集聚发展村庄	城镇周村庄	并入城镇村庄	总计
山东屯	19	1	5			25
北四家子	7	3	3			13
两家子	12	1	2			15
郝官屯	4	3	4			11
总计	42	8	14			64

2. 法库县居民点布局规划

辽河干流法库段流经 4 个乡镇、29 个村屯，其中行政村 12 个、自然村 22 个。

法库县居民点布局

表 6-2

乡镇	撤并村庄	控制发展村庄	集聚发展村庄	城镇周边村庄	并入城镇村庄	总计
和平乡	5		2			7
柏家沟	7	2	2			11
依牛堡	3	4	2			9
三面船				1	1	2
总计	15	6	6	1	1	29

3. 沈北新区居民点布局规划

沈北新区规划撤并村庄 14 个，分别并入石佛寺朝鲜族锡伯族乡和黄家锡伯族乡。

沈北新区居民点布局

表 6-3

乡镇	撤并村庄	控制发展村庄	集聚发展村庄	城镇周边村庄	并入城镇村庄	总计
石佛寺朝鲜族锡伯族乡	5					5
黄家锡伯族乡	9					9
总计	14					14

4. 新民市居民点布局规划

引导农村居民点就近向县城、建制镇镇区、行政村集中，规划撤并村庄 108 个、控制发展村庄 25 个、集聚发展村庄 51 个、城镇周边村庄 1 个、并入城镇村庄 3 个。

新民市居民点布局　　　　　　　　　　　　　　表 6-4

序号	乡镇	撤并村庄	控制发展村庄	集聚发展村庄	城镇周边村庄	并入城镇村庄	总计
1	前当堡镇			3			3
2	柳河沟镇	17	1	4			22
3	兴隆镇	1	4	3			8
4	公主屯镇	14	5	8		1	28
5	罗家房乡	4	4	1			9
6	三道岗子乡	14	2	10			26
7	大民屯镇	2	1	5			8
8	东蛇山子乡	4	2	4			10
9	金五台子乡	13	3	3			19
10	兴隆堡镇	4		3			7
11	陶家屯乡	2		3	1		6
12	新民市城区	33	3	4		2	42
	总计	108	25	51	1	3	188

5. 辽中县居民点布局规划

引导农村居民点就近向县城、建制镇镇区、行政村集中，规划撤并村庄 50 个、控制发展村庄 17 个、集聚发展村庄 20 个、城镇周边村庄 3 个、并入城镇村庄 3 个。

辽中县居民点布局　　　　　　　　　　　　　　表 6-5

乡镇	撤并村庄	控制发展村庄	集聚发展村庄	城镇周边村庄	并入城镇村庄	总计
冷子堡	4	2	1			7
养士堡	4	4	2	1		11
城郊镇	3	2	4	1		10
六间房	2		4		2	8
朱家房	13	3	2			18
于家房	10	2	2			14
老大房	13	1	4		1	19
满都户	1	3	1	1		6
总计	50	17	20	3	3	93

6.2.7 近期整治规划

分三个层次对辽河干流沿线村屯进行整治规划。

防洪堤外 2 公里：城镇建设控制区，加大土地整理力度，集约化发展，积极推广设施农业和农场经济。

防洪堤外 500 米：村屯风貌整治提升区，清除污染企业，对村屯进行"绿化、净化、美化、亮化"四化治理。

防洪堤内：村屯撤并区，通过土地增减挂钩政策，按照统一规划引导人口向就近城镇和中心村庄转移。

1. 防洪堤外 2 公里：城镇建设控制区

依托辽河城镇带建设，规划 61 个示范村，主要发展现代都市农业，在具有旅游资源的地区积极发展旅游休闲服务、民俗文化展示等。加大土地整理力度，集约化发展，积极推广设施农业和农场经济，每个示范村至少建设农庄一处，可以经营养殖业、设施农业和旅游接待等多种模式。

2. 防洪堤外 500 米：村屯风貌整治提升区

堤外 500 米范围内有 71 个行政村、146 个自然村，近期重点进行"绿化、净化、美化、亮化"四化整治。重点是村边、路边、水边的绿化，过境公路和村镇二级以上道路有行道树；净化重点是卫生厕所普及率超过 40%，有固定无土质垃圾收集点，无垃圾堆、粪肥堆，过境公路和村镇三级以上道路两侧无柴草堆、物料堆，无散养散放的家畜家禽；美化重点是院墙院门整齐美观，有文化活动室和科普画廊；亮化重点是村内主要道路有路灯，村民活动广场有照明。

3. 防洪堤内：村屯撤并区

堤内村屯易受洪水灾害影响，同时堤内村屯对辽河生态系统的影响最为严重，需对堤内村屯进行撤并，通过土地增减挂钩政策，统一规划引导人口向就近城镇和行政村庄转移。防洪堤内有 5 个行政村、30 个自然村。

第 7 章
生态文化体系规划

7.1 辽河干流节点景观规划

7.1.1 规划结构

结合城镇带建设，形成"一带、四段、十五节点"的规划结构。重点打造三河下拉至和平生态恢复段，七星山至石佛寺、毓宝台至巨流河、满都户至本辽辽生态恢复段，以点带面，循序渐进，逐步实现流域生态系统的完整性。

一带：辽河行洪保障带；

四段：三河下拉至和平生态恢复段、石佛寺水库至七星山生态恢复段、巨流河至毓宝台生态恢复段、满都户至本辽辽高速公路生态恢复段。

四段功能定位 表 7-1

区段	定位	重点生态恢复段
生态农业展示区	大地艺术观光走廊	三河下拉至和平
都市休闲度假区	生态旅游度假区 民俗文化展示区	石佛寺至七星山
城郊文化感受区	城郊休闲特色区域	巨流河至毓宝台
	湿地生态旅游胜地	
	辽金文化感受型休闲度假地	
田园水乡体验区	湿地文化展示中心	满都户至本辽辽
	民族特色田园水乡	

十五节点：在主行洪保障区全部实施封育的基础上，重点对康平县福德店、京四高速公路、三河下拉生态湿地、小塔子生态示范区，法库县和平、通江口生态示范区，沈北新区石佛寺水库、万泉河湿地、七星山生态示范区，新民市马虎山、巨流河、毓宝台生态示范区，以及辽中县满都户、本辽辽高速公路、京沈高速公路生态示范区进行详细规划设计。

7.1.2 景观节点规划设计

1. 三河下拉至和平生态恢复段

规划范围：本段规划范围为公河上游 2 公里之间的滩地，和平橡胶坝下游 1 公里，总长 13.5 公里，总用地面积为 7 平方公里。

规划定位：以生态农业观光为基础，体现大地景观，并结合福德店及三河下拉生态湿地建设，打造生态农业与湿地观光游，让市民真正感受辽河自然景观的魅力。

功能分区：一带、三区

一带：辽河生态景观带；三区：三河下拉生态湿地示范区、农业观光体验区、和平生态湿地示范区。

绿化布局：

湿地景观区：结合滩地内部生态恢复形成湿地景观，湿地景观以湿地水生植物为主，如芦苇和一些苔草沼泽等。

经济作物种植区：种植观赏性较强的经济农作物，将具有较高经济产值的植物聚集于此（如油菜花、燕麦、荷花等经济产业），在为游客提供体验农耕乐趣的同时，还为地区创造了更大的经济价值。

植被覆盖保护区：以高大乔木和植根系较为发达的植物为主，控制水土流失，内部不进行人为活动，形成自然可持续发展的原生态自然景观。

自然封育区：采用封育的措施，适当人为干预，使其自然生长，为野生动物提供生态栖息地，营造自然、野趣、心旷神怡的原生态的景观效果。

交通组织：该段外部有彰桓公路。内部规划三级道路，将现状辽河大堤路设计为作业路，在大堤与河岸之间规划管理路，共同满足区域内日常管理的需要，同时起到连接各景点的作用。在岸边规划有滨水路，供游人步行到达各景点。

设施分布：结合三河下拉生态示范区及和平生态示范区两个节点集中布置服务设施，包括服务中心、停车场、卫生间、观景台等，其他区域结合游人的需求布置少量设施，包括卫生间、观景台、停车场等。

2. 石佛寺水库至七星山生态恢复段

规划范围：本区域东接铁岭，西、北与新民市、法库县隔河相望，南至 107 省道等相关区域，包括七星山、辽河南侧滩地、石佛寺水库等自然与旅游资源及耕地和村屯用地，总用地面积为 110 平方公里。

规划定位：

（1）沈阳市的"绿心"：结合辽河滩地的开发和生态保持及石佛寺库区万亩平原湿地打造，形成沈阳市域范围内城市绿心；

图 7-1 三河下拉至和平生态恢复段

（2）沈阳经济区的文化风情生态旅游目的地：依托优良的生态资源，着重建设锡伯民俗风情家园及辽文化的展示基地；

（3）东北地区旅游线路的重要节点：旅游产业的地区合作和旅游资源的有效整合将带来更多的经济效益和社会效益。

功能分区：一带、三区

一带：辽河生态景观带；三区：七星山景区（文化区）、石佛寺水库湿地景观区（生态区）、郊野综合活动区（休闲区、背景区）。

绿化布局：

草本沼泽区：以苔草及禾本科植物为主，几乎全为多年生植物，如芦苇和一些苔草沼泽。

森林沼泽区：包括灌丛沼泽和泥炭藓沼泽。灌丛沼泽主要种植灌木丛和苔草。泥炭藓沼泽主要种植草本植物、灌木及乔木生长，在北方多与针叶林带相混合。

草甸沼泽区：该区域将草甸植物按照营养方式的不同分为自养植物、菌根植物、豆科共生植物、寄生植物、半寄生植物等类型，展示不同草甸植物的特征，为东北地区的草甸生态系统提供有力的技术支持，也为广大游客提供认识草甸植物的机会。

草甸观赏区：选择观赏价值高的草甸植物，展现草甸植物景观的清丽秀美。

经济林区：将具有较高经济产值的植物聚集于此，在让游客体味自然的同时，也为地区创造了更大的经济价值。

农业观光区：该区主要以农业生产的湿地景观为主，如鱼塘、水田等，为游客提供体验农耕的乐趣。

风景林区：该区主要为游客展现一幅秀美山河的景观。

交通组织：规划以旅游大道串联三大功能板块，提高七星山风景区的区域可达性。将现状辽河大堤路设计为园区内部主干道，增强内部各功能区的联系。同时通过园内支路和旅游步道的规划，使得游人可以便捷地到达各景点。

设施分布：结合现状及游客量规划建设石佛寺民俗村、万顷湿地公园、拉塔湖小镇综合服务区。在一些相对独立、有一定客流量的节点设置服务区，主要设置停车场、普通餐饮、小卖、厕所、码头等设施。

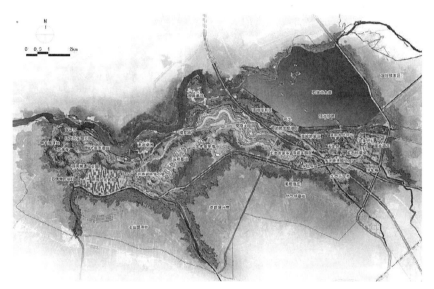

图 7-2　石佛寺水库至七星山生态恢复段

3. 巨流河至毓宝台生态恢复段

规划范围：本段规划范围为巨流河桥上游 1 公里，毓宝台桥下游 1.8 公里，两堤之间滩地，总长 20 公里，总用地面积为 50 平方公里。

规划定位：结合基地的区位条件和区域的资源优势，将滩地的生态景观建设与村屯生态游、郊野休闲游统一考虑，使堤内堤外形成统一的整体，建设成为郊野田园风光感受区，将辽河生态带与城镇带通过产业景观带紧密结合，形成具有地域风情的特色景区。

功能分区：一带、七区

一带：辽河生态景观带；七区：巨流河生态示范区、田园风光感受区、生态环境保育区、休闲活动开展区、草原风情体验区、湿地风貌探寻区、毓宝台生态示范区。

绿化布局：

湿生植物种植区：结合滩地内部生态恢复形成湿地景观，湿地景观以湿地水生植物为主。如芦苇和菖蒲、千屈菜等。

经济作物种植区：种植具有观赏性较强的经济农作物（如油菜花、向日葵等经济产业），形成一种浓郁的田园风情。在让游客体味自然的同时，也为地区创造了更大的经济价值。

荷花种植区：结合滩地边缘的坑塘，引种荷花及芦苇，形成荷塘月色、芦苇幽幽的自然景观，在营造生态景观的同时，为周边的村屯带来了一定的经济收入。

自然封育区：采用封育的措施，适当人为干预，使其自然生长，为野生动物提供生态栖息地，营造自然、野趣、心旷神怡的原生态的景观效果。

植被覆盖保护区：以高大乔木和植根系较为发达的植物为主，控制水土流失，内部不进行人为活动，形成自然可持续发展的原生态自然景观，如榆树、柳树、槐树、火炬树、白蜡、油松。

交通组织：该段外部有新鲁高速公路、304 国道、102 国道穿过该区域。内部规划三级道路，将现状辽河大堤路设计为作业路，在大堤与河岸之间规划一条管理路，共同满足区域内日常管理的需要，同时起到连接各景点的作用。在岸边规划一条滨水路，供游人步行到达各景点。

设施分布：结合毓宝台生态治理引导区、巨流河生态治理引导区两个节点集中布置服务设施，包括服务中心、停车场、卫生间、码头等，其他区域结合游人需求布置少量设施，包括卫生间、观景台等。

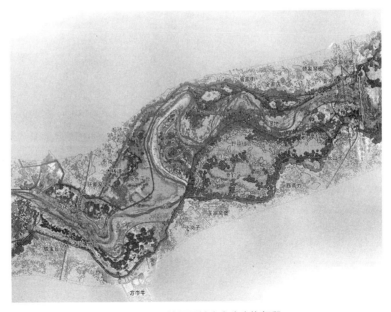

图 7-3　巨流河至毓宝台生态恢复段

4.满都户至本辽辽高速公路生态恢复段

规划范围：本段规划范围为满都户公路桥上游1公里，本辽辽大桥下游1公里，两堤之间滩地，总长17公里，总用地面积为45平方公里。

规划定位：以展示满族风情为特色的辽河生态绿廊，以文化古镇满都户为切入点，挖掘满族充满智慧和进取精神的民族风情，为人们提供一个参与其中、真正感受满族文化的平台。

功能分区：一带、三区

一带：辽河生态景观带；三区：草原风情展示区、生态湿地体验区、满族风情活动区。

绿化布局：

湿生植物种植区：结合滩地内部生态恢复形成湿地景观，湿地景观以湿地水生植物为主，如芦苇和菖蒲、千屈菜等。

草甸植被种植区：选择观赏价值高的草甸植物，如苔草和湿生杂类草，展现草甸植物景观的清丽秀美。

经济作物种植区：种植观赏性较强的经济农作物，将具有较高经济产值的植物聚集于此（如油菜花、燕麦、荷花等经济产业），在为游客提供体验农耕乐趣的同时，也为地区创造更大的经济价值。

观赏植物种植区：以狼尾草、蒲公英、小叶章等为主，展现野性的大地之美。

自然封育区：采用封育的措施，适当人为干预，使其自然生长，为野生动物提供生态栖息地，营造自然、野趣、心旷神怡的原生态的景观效果。

植被覆盖保护区：以高大乔木和植根系较为发达的植物为主，控制水土流失，内部不进行人为活动，形成自然可持续发展的原生态自然景观，如榆树、柳树、槐树、火炬树、白蜡、油松。

交通组织：该段外部有京沈高速、本辽辽高速、106国道穿过该区域。内部规划三级道路，将现状辽河人堤路设计为作业路，在大堤与河岸之间规划一条管理路，共同满足区域内日常管理的需要，同时起到连接各景点的作用。在岸边规划一条滨水路，供游人步行到达各景点。

设施分布：结合满族风情展示区、草原风情展示区两个节点集中布置服务设施，包括服务中心、停车场、卫生间、码头等，其他区域结合游人需求布置少量设施，包括卫生间、观景台等。

图 7-4　满都户至本辽辽高速公路生态恢复段

7.2　生态旅游规划

7.2.1　规划理念

本着尊重自然机理，生态保护优先，创造人文与自然互动，强化"文化河流"的内涵，提出构建辽河干流绿色旅游规划的发展思路。在辽河旅游带上构建"一河振兴、城市联动、湖岛串绕、湿地沙浴、特色小镇、多点辐射"的辽河干流旅游新格局。

7.2.2　规划目标

辽河旅游发展专项规划的主要目标是深入挖掘沈阳辽河现有旅游资源的特色和优势，拓展旅游发展思路，通过产业融合提出可行的旅游主题与创意，形成内容新颖、形式多样、具有吸引力和生命力的辽河旅游产品。同时围绕沈阳辽河未来 5 年的旅游业发展提出战略构想，并以旅游产业的发展为契机，带动沈阳经济区整体形象和品牌知名度的提升。

7.2.3　规划原则

差异性原则——区域差异，彰显特色；

系统性原则——综合治理，多元组织；

操作性原则——立足市场，服务大众；

持续性原则——统筹规划，分级开发。

7.2.4 空间布局

三大脉络：流域共形成三大旅游脉络——"水上、岸上、城镇"全方位，多角度的组合与交织。

四大格局：一条母亲河，一张旅游湿地体验网，两条城市旅游景观带，多个生态休闲旅游聚集地。

7.2.5 旅游景点规划

根据辽河的资源属性，在流域形成集生态感受、休闲参与、田园体验、民俗风情、古迹探寻、文化展示、宗教祈福七大类别于一体的旅游风光带。

1. 生态感受类

景区特点：利用辽河的自然资源，开展以观光游玩为主的旅游项目，使人们可以充分回归大自然。

景点组织：柳河、养息牧河、秀水河、三河下拉等河口湿地，以及京四高速公路原生态治理引导区等特色观光区。

旅游产品：规划在辽河滩地形成多处花海、林海，结合爬山、涉水、观鸟、湿地观光和游船等活动，开展旅游项目。

2. 休闲参与类

景区特点：较好的自然植栽形成的林地、湿地，是天然的绿色氧吧，在滩地上开展休闲参与类活动，体验郊野的趣味性。

景点组织：毓宝台至巨流河段辽河风光带，通航水上乐园。

旅游产品：规划以垂钓、采莲、泛舟、露营、骑马等休闲活动为主，并布置如学生夏令营、拓展训练基地、CS野战等主题场地等。

3. 田园体验类

景区特点：结合辽河周边村屯农庄，为人们提供体验田园生活的契机。

景点组织：毓宝台田园风情村、方巾牛田园风情村。

旅游产品：规划田园作物观赏、采摘、乡村体验、农家乐等体验活动。

4. 民俗风情类

景区特点：结合原有的锡伯族、朝鲜族、满族等聚居村落，保留原生态民俗民风，打造特色的少数民族村落，为市民提供一个参与少数民族生活、感受地域风情的场所。

景点组织：石佛寺锡伯族风情村、拉塔湖风情小镇、满都户满族风情村。

旅游产品：定期举办民俗活动，如少数民族原生态舞台剧、节日庆典、民族歌舞等，使游人充分感受地域文化并能融入其中。

5. 古迹探寻类

景区特点：对辽河及其周边重要的文物古迹进行修缮与维护，再现历史风貌。

景点组织：双州城遗址、辽滨塔、祺州城等 20 余处遗址。

旅游产品：在对部分古迹进行修缮的基础上修建遗址公园和主题游园等。

6. 文化展示类

景区特点：结合辽河及其周边文物古迹密集的区域进行系统的整合，结合县区的文化特点，将地域文化做强做大，形成具有一定规模与代表性的地域文化展示景区。

景点组织：沈北大辽盛世园，康平辽吉蒙文化主题园。

旅游产品：主题文化展示、文化故事、博物馆观光，以及结合辽文化主题园开展以游牧骑射生活为主题的活动。

7. 宗教祈福类

景区特点：对辽河周边现存的寺庙进行整治和修缮，修建寺庙园林，营造良好的环境。

景点组织：石佛寺、兴隆寺、清真寺等。

旅游产品：定期围绕寺庙开展如朝拜、诵禅、祈福、庙会、开光、吃斋等宗教旅游活动。

7.2.6 交通规划

1. 规划必要性

辽河保护区地处辽宁中部社会经济发达地区。保护区与周边区域联系广泛，建立通达的路网是必要的。由于堤顶路标准低，顶宽 6 米，且基本为砂石路面；加之支流和无堤段的存在，使堤顶路没有贯通，影响了保护区建设管理以及堤防工程日常管理维护，特别是汛期工程抢险。

保护区实施划区管理，包括对各类功能区的保护和工程管理。河道综合治理工程、河道生态修复工程、河岸带生态修复工程以及保护能力建设工程建设都需要完善的交通路网。

2. 规划原则

可达性原则：辽河道路体系的建立可以使市民和外来旅行者到辽河旅游的出行更加方便与快捷。同时，道路交通也是人们亲水休闲、享受大自然的重要载体。道路设计应在合适的位置将车行和人行与城市有机结合，使交通更加通畅。

连续性原则：交通网络是辽河道路体系不可或缺的功能，也是连接城市道路与辽河滩地景区的有机组成部分，同时它还是辽河旅游带脉络的延续。因此，在交通规划中，需要考虑全线路网的连续性，使辽河路网形成一个统一的整体。

安全性原则：辽河大堤路主要以防灾、防洪为主，道路规划应考虑水位的变化及辽河涨落特性。根据不同年限的防洪等级分区将道路进行划分，使辽河滩地内形成戏水区、亲水区、近水区，外部通行等不同等级的道路层次。

景观性原则：辽河作为一个城市景色最优美的地方，是城市景观的标志性区域，辽河道路交通的规划要着力塑造城市景观的特色，体现区域文化内涵。

3. 内部道路规划

规划范围内纵向沿辽河设三级道路系统，分别是大堤作业路、滩地管理路和游览路。横向通过相应的道路、跨河桥及渡口等加强联系，形成"纵向连续、横向贯通"的道路系统。

近期改造大堤作业路全线为7米宽的黑色路面，局部设置错车区，用于防洪和观光，同时考虑建设自行车道；形成全线贯通的滩地管理路，宽为4.5米，满足滩地日常管理及观光需要。

第8章
生态制度体系规划

8.1 生态建设科技支撑体系规划

辽河流域生态带建设规划，必须形成有效的科技支撑体系，做到科技先行、保障有力。

8.1.1 合理规划与科学布局

辽河流域生态带建设规划必须遵循自然规律和经济规律，根据自然地理气候特征、河流具体情况，因地制宜地进行科学的区划和规划。

8.1.2 推广和应用先进成熟的科技成果

第一，要重视已有成熟技术的推广应用。例如辽河流域湿地的恢复与建设、植被恢复与建设、生态蓄水、防洪、岸坎修复、交通等。

第二，要在应用常规技术的同时，特别重视高新技术的应用。例如生物多样性的保护等。

第三，要以科技为动力大力发展生态产业，包括低碳文明的工业产业；生态旅游资源的开发与产业化；绿色食品原料基地建设与加工、产业化等，努力形成生态建设与产业发展的良性循环。

8.1.3 开展重点科技攻关

目前，我国在生态文明建设方面还存在着不少薄弱环节，需要进行重点科技攻关。例如现代农业建设、工业建设、生物多样性保护等。

在生物多样性保护方面，特别是从生态系统角度的生物多样性保护，工作才刚刚起步，还有很多问题亟待解决，辽河流域这方面还存在很多空白，需要针对辽河流域的具体情况，就生态多样性保护方面进行科技攻关。

8.1.4 建立分级培训制度

围绕辽河流域生态文明建设，建立市、区县两级技术培训体系，根据需要，定期对从事生态文明建设的人员进行政策、技术和管理培训，培养成熟的技术和管理骨干。

8.1.5　建立科技支撑组织体系和工程质量技术监督体系

建立科技支撑组织体系。成立各级生态建设科技支撑领导小组，统一协调开展科技支撑工作，解决科技支撑的条件和组织问题。

实施科技示范、试点工程，带动生态文明建设的全面开展。发挥科技专家的决策咨询作用，成立国内外一流专家组成的生态文明建设专家咨询委员会，就辽河流域重大生态文明建设工程提出科学建议。

建立工程质量技术监督体系，制定完备的工程建设技术标准，做到按标准设计，按标准施工，按标准验收，同时对建设内容的正常运行进行持续的技术和管理监督，并加强工程建设质量技术监督和技术推广服务工作，以此形成有效的科技支撑体系，确保工程建设取得应有成效。

8.2　高效清明的行政体系规划

8.2.1　建立政府生态文明行政机制

1. 健全政府内部监管机制。政府通过内部监管督促其自身的行为，提升政府执政能力。建立健全政府信息公开制度，用信息的公开保证信息的可靠，严格执行对违反诚信道德行为的惩罚和责任追究制度。

2. 加强政府机关的自我调整。政府机关内部应保持监督信息灵敏、监督渠道通畅，对社会环境和被监督者条件的变化有较强的感应能力，对各种监督方式之间出现的不协调，能及时地予以调整等。

3. 加强政府公职人员的自律。通过各种方式提高政府公职人员的政治修养、业务修养、作风修养、品质修养和法制观念，以增强其自我约束能力，打造廉洁政府、廉洁官员的形象。

8.2.2　构建科学生态文明行政体系

1. 平衡政府权能，增强生态管理职能。将生态管理作为政府的重要职能，从自然生态系统各种要素的整体性出发，整合不同政府部门的管理职能，协调生态管理部门与经济社会管理部门的关系，增强政府的生态管理职能。加强对自然资源的保护，双管齐下，防治结合。

2. 完善绩效评估指标体系，增强生态效益指标。将环保投资占 GDP 比重、单位 GDP 资源节约率、辖区内企业绿色生产达标率、居民对周围环境的满意度等社会生态类指标作为衡量地方政府绩效的主要标准，并随着经济社会的发展加大这些指标的权数。

3. 约束政府生态管理行为，加大社会监督力度。社会监督主要指社会各界和公民对政府部门及其行政人员进行的监督行为，具体包括舆论监督、社会团体监督和公民监督三个方面。将政府管理资源环境的行为置于"阳光"之下，让其接受舆论媒体、团体组织和社会大众的广泛监督，促使政府真正实现生态行政。

8.2.3 构建政府形象的多元化机制

1. 加强公务人员生态文明教育和培训。对新录用公务员的初任培训中要有生态文明的相关内容，使公务人员从上岗伊始就对生态文明具备基本的认识和应有的重视。

通过举办专家讲座、观摩学习和生态文明实践，提高政府决策管理者对生态文明内涵的理解和认识。

定期邀请国内外专家对公务人员进行生态文明理念、生态文明意识、生态文明行为等方面的培训和教育，同时就生态带建设进程中出现的难点和问题进行集中讨论和交流，寻求解决方案和对策。

2. 强化政府社会管理与公共服务职能。有效地发挥政府作用，切实加强政府公共服务职能，借鉴发达国家经验，注意增加公共服务的支出，努力提高公共服务支出占 GDP 的比重，以不断增加公共产品的数量和质量。建立健全的社会保障体系。

8.2.4 健全环境保护监督机制

1. 构建政府生态文明决策机制。建立机制，要求除国民经济和社会发展规划之外的各类规划在实施前必须按照《环境影响评价法》进行环境影响评价，对不能通过环评审核的，不予审批。

2. 进一步加强对排污企业的监管。整合部门力量，综合运用经济处罚、限期治理、停产整治、限产限排、关停搬迁和征信审核等行政手段，加大惩戒和整改力度。

3. 加强区域合作。建立健全联动、联防、联治机制，着力加强区域交界区域污染防治，促进流域、区域协同治理。

4. 建立健全环境公益诉讼制度。完善环境公益诉讼制度，明确在任何组织与个人的行为遭受侵害时，任何国家机关、社会团体、公民个人都可以成为公益诉讼主体。同时，明确公益团体如何在公益诉讼中充当原告，鼓励公民通过公益团体提起公益诉讼。

8.3　协调文明的企业文明规划

1.构建企业文化。在倡议社会与环境责任的过程中积极资助环保项目，培养员工自觉参与意识，鼓励员工自愿参与行为，强调企业对员工的责任，同时也增强了员工的主动性。倡导"环境友好设计"，所有的产品从设计初始就考虑其对环境的影响，考虑使用时如何减低能源的消耗，考虑设立一个非常严格的"产品回收处理流程"，加强产品生命周期和生产过程的环保管理。

2.倡导企业制定内部环保条例。结合企业自身的核心业务与核心价值观制定企业履行社会责任和环境责任的目标和行为指导政策，并通过制定可以操作的行动政策、指导原则强化企业业务及员工的环境行为规范。

3.完善企业生态责任流程。把生态责任意识渗透到企业的各个流程中，包括企业主动承担生态责任，自觉采取绿色产品设计，制定绿色战略，开发绿色技术，推行绿色生产，实行绿色营销，进行绿色包装，建设绿色运输渠道，开展绿色促销活动，擅用绿色公关，提倡绿色消费，开设绿色服务，鼓励回收再利用全过程防污控制的绿色流程。

4.建立企业生态文明考核指标体系和责任报告制度。建立清洁生产的环保经济和节约资源与再生资源的循环经济，并依此制定具体目标，以及绩效考核、年报等与利益相关者保持密切的决策和管理体系，将影响到企业对社会责任与环境责任的承担。

5.建立有效的考核评估机制。企业建立有效的考核评估机制，把学习型企业建设与良好的薪酬和晋升制度相结合，提高员工的学习质量。

6.完善企业环境行为监管制度。借鉴先进经验，通过制定行政措施规定公民和民间环保组织有权参与相关决策和评估，建立与公众利益密切相关的企业环境报告和环境审计的社会公示与听证制度，使公民的环境权意识与当地的经济发展、环境改善形成良性互动。

8.4　和谐有效的公众参与机制规划

8.4.1　拓宽与畅通公众参与渠道

1.建立利益相关方合作伙伴关系。在政府、公民、企业和非政府组织之间建立有效的伙伴合作关系，扩大民众参与，并建立使非政府组织作用得到充分发挥的机制，包括健全法律体系和加强政策鼓励，为非政府组织创造足够的发展空间。

2.通过发挥资金支持方面的作用，直接扶持和培育非政府组织。一些重大的环境政策在决策前广泛征求意见，对那些密切关系公众环境权益的项目举行听证会，广泛了解公众的意见，集中民智。

8.4.2　完善公众参与机制

1. 建立政府及企业环保信息公开公告制度。将对政府的相关环保决策、环保行动、环保规划及企业的环保信息对公众公开。

2. 建立环保决策、会议的听证会制度。政府审议环保决策、企业环保措施审议等过程中的听证会。

3. 建立专家协助公众参与制度。加强专家对普通公众的帮助，引导和协助公众行使他们的参与权利。

8.4.3　培育环保非政府组织

1. 为环保非政府组织活动提供支持。政府及有关职能部门要按照"积极引导、大力扶持、加强管理、健康发展"的方针，改革和完善现行民间组织登记注册和管理制度，培育民间环保组织整合社会资源，积极帮助穿针引线，为各项公益活动的顺利开展创造有利条件，努力形成政府、企业和环保非政府组织三位一体的保障机制。

2. 加强指导和培训，提高环保非政府组织人员的素质和专业能力。环保部门应适时组织相应的培训，让公众进一步知晓参与决策、执法监督等方面的权利，了解城市环境资源的真实情况等，从而逐步提高环保非政府组织人员和志愿者的自身素质和专业能力，真正促进环保事业蓬勃发展。

3. 公众应积极参与环境志愿服务，以实际行动支持环保民间组织的活动。要积极开展环保活动，不断强化公众的参与意识和责任意识，积极倡导公众以实际行动参与环保。

第9章
效益分析

9.1 生态效益

辽河流域生态带建设目标实现后，生态需水量满足河流生态系统的要求，河流生态系统功能得到完整恢复，湿地面积增加6万亩，河流水质得到明显改善，由现在的V类恢复到IV类、III类，满足生态和谐的要求，生态多样性得到明显改善，生物种类和数量明显增加。辽河及其沿线将成为沈阳市彰显生态文明的生态和谐廊道。

辽河流域将在永续发展的低碳文明工业体系、现代文明的农业体系、高效环保的服务业体系建设方面得到明显改善。生活污水、固体废弃物得到有效处置和资源化利用，资源得到合理配置，达到资源可持续利用，废弃物资源化，环境优美，人与自然和谐的文明状态。

9.2 经济效益

辽河流域生态带建设目标实现后，辽河沿线将成为具有吸引力和生命力的旅游产品，沈阳市辽河旅游产值将翻几番。辽河生物资源得到大幅度改善，经济鱼类产出增加，沿线生态农业和农产品加工工业得到发展，名特优果品生产、绿色有机蔬菜、有机食品产量大幅度增加。

9.3 社会效益

辽河流域生态带建设目标实现后，辽河将与浑河、蒲河一起，以生机勃勃的姿态贯穿和拥抱沈阳，沈阳河流水系生态系统完整、功能完善，景观优美，居民可以享受亲近自然、亲近动物的乐趣，在自然中感受生态文明的高度和谐。

辽河湿地景观、自然保护区将成为生态文明、生物多样性、河流文化的教育基地和自然博物馆。生态文明、低碳生活的理念将在人们亲近自然的过程中深入人心。

珍惜资源、保护环境、追求绿色生活的习惯将成为人们的自觉行为。

环保制度健全，企业环保设施健全，企业自觉遵守环保法规、追求低消耗高产出的产品，将在一定程度上得到改善。

生态文明河流流域的建设，使各级政府在行政体系建设方面更加高效清明，公众事务透明度和公众参与度均有了较大程度的提高，居民对政府的满意度和信任度也得到了改善。

第 10 章
保障措施

10.1　法制保障

赋予规划相应的法律地位。本规划通过论证后，报送沈阳市人民代表大会审议通过并颁布实施，把辽河流域生态带建设规划纳入政府经济和社会发展长远规划与年度工作计划中，明确规划在沈阳市转变经济发展方式，实现可持续发展进程中的地位和作用。

制订和完善相关法律、法规，为辽河生态文明的建设奠定法律基础。

10.2　管理机制

各级党委政府要把辽河流域生态带建设列入重要议事日程，建立生态带建设领导协调机构，调动政府各部门的积极性，切实加强领导、协调和监督。各有关部门要在职能范围内协调配合，形成生态带建设的合力；由区政府牵头，建立跨部门、跨行业的协调机制，协调相关部门在生态带建设中的职能和任务；突出环保部门的综合协调地位；建立生态带建设综合决策机制和信息共享机制，完善领导干部环保政绩考核制度，建立干部环境责任追究机制和环保一票否决制度，不断完善生态带建设中的激励机制和奖惩机制。

10.3　资金保障

为保证沈阳辽河流域生态带规划的顺利实施，可按照"政府主导、企业支持、社会参与、惠益共享"的原则，从不同渠道筹集资金，为生态带建设各项工作的开展提供资金支持：

一是增加政府财政投入。建立生态文明带建设工程项目资金的分级投入机制，按照生态文明带建设工程项目的性质、类型和重要性的不同，分别纳入省和市一级财政预算。

二是鼓励企业参与。对部分能够进行产业化运作，可以获得一定收益的项目，要灵活运用产业发展政策，定期公布鼓励发展的生态产业、环境保护和生态建设优先项目目录，对优先发展项目在现有优惠政策的基础上提供更加优惠的政策，积极鼓励企业参与，通过明确项目运作模式和成果共享办法等方式，解决企业参与此类项目的后顾之忧。

三是建立多元化社会融资渠道，推动社会广泛参与。适度利用金融市场融资，通过利用国家贷款、商业银行贷款、委托招商、BOT（建设—经营—转让方式）、TOT（转让—运营—转让方式）、ABS（资产证券化）、PFI（私人主动融资）等多种方式，为生态带项目建设进行融资。

10.4　技术保障

技术保障是生态文明建设的重要基础，辽河流域生态带建设必须有强有力的技术保障。要整合沈阳市的技术优势，吸纳国内外科技机构及科技人员，作为辽河流域生态带建设的强大技术后盾。

针对生态带建设过程中的主要问题进行科技攻关和技术指导，为辽河流域生态带建设保驾护航。

10.5　公众监督

积极引导社会的参与和监督。进一步建立和完善沈阳市环保社会公益组织准入机制，鼓励社会组织参与生态带建设公益事业；建立环保志愿者激励机制；支持和鼓励社会公众申请加入环保公益组织，成为环保志愿者，并对作出杰出贡献的单位和个人给予表彰、奖励；加大媒体宣传，使公众意识到参与生态文明建设活动的重要意义，推动公众自愿参与创建活动，营造有利于生态文明建设的社会氛围。

结语

    辽河干流沈阳段通过近 10 年的规划建设，成果显著。恢复了辽河生态带的生态基础，为河流自然生长创造空间，进而发挥其自身强大的生态功能。未来结合城市生态系统的整体发展，以及辽河流域城镇带、旅游带的构建，连通城市水网、绿网、路网、城网，逐步实现流域系统的和谐、高效发展，最终将辽河打造成造福子孙后代的生态源泉。

    辽河，这条孕育辽沈大地的母亲河，在饱经沧桑后又恢复了昔日的光华。如今，面对城市的快速发展，其治理工作还任重而道远。"路漫漫其修远兮"，我们将为描绘辽河宏伟壮丽的美好景象而不懈奋斗！

附录 规划建设成果图片展示

彩图 1　辽河干流生态带鸟瞰

彩图 2　生态带节点 1

彩图 3　生态带节点 2

彩图 4　生态带湿地 1

彩图 5　生态带湿地 2

彩图 6　滩地植被效果 1

彩图 8　生态保育区野花组合效果 1

彩图 9　生态保育区野花组合效果 2

彩图 10　辽河橡胶坝

彩图 11　滨水景观节点

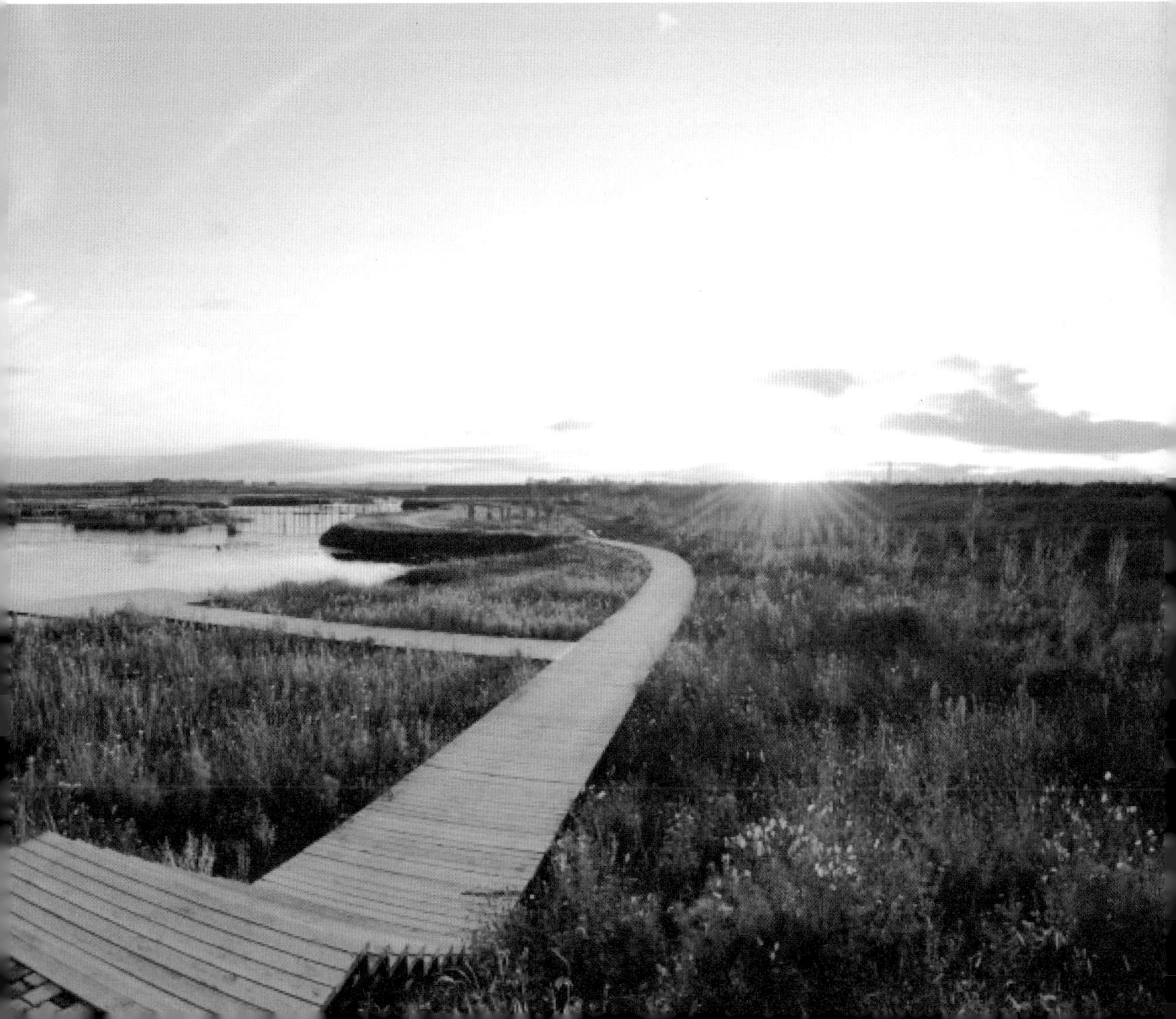

彩图 12　滨水木栈道 1

彩图 13　滨水木栈道 2

彩图14　滨水木栈道3

彩图 15　辽河生态带黄昏效果